· 2025 ·

SPECIAL INFORMATION

SERVICE COMPANY

KOREAN NATIONAL POLICE UNIVE

경찰대학
기출문제

수 학

2024~2015

10
개년

연차별 동형
기출문제

수학

2025
경찰
대학
기출문제

10
총·정·리
2024~2015학년도
개년

인쇄일 2023년 10월 1일 9판 1쇄 인쇄   **발행처** 시스컴 출판사
발행일 2023년 10월 5일 9판 1쇄 발행   **발행인** 송인식
등 록 제17-269호   **지은이** 경찰대학입시연구회
판 권 시스컴2023

ISBN   979-11-6941-200-1 13410
정 가   16,000원

주소 서울시 금천구 가산디지털1로 225, 514호(가산포휴) | **홈페이지** www.nadoogong.com
E-mail siscombooks@naver.com | **전화** 02)866-9311 | Fax 02)866-9312

머리말

경찰대학은 국가치안부문에 종사하는 경찰간부가 될 자에게 학술을 연마하게 하고 심신을 단련시키기 위하여 설립된 국립대학입니다. 경찰대학을 졸업하면 초급 간부인 경위로 임관하여 국가 수호의 주도적인 역할을 하게 됩니다. 즉, 경찰대학에는 졸업과 동시에 취업이 보장된다는 이점이 있기 때문에 해마다 응시 인원이 증가하고 있어 경찰대학의 높은 인기를 실감할 수 있습니다.

그렇다면 경찰대학에 입학하려면 무엇이 가장 중요할까요?

당연한 말이지만 바로 1차 필기시험입니다. 왜냐하면 1차 시험에서 6배수 안에 들어야 그 다음 사정에 응시할 수 있는 기회가 주어지기 때문입니다. 1차 시험을 잘 보기 위해서는 무엇보다도 기출문제를 꼼꼼하게 파악하고 풀어보는 것이 중요합니다. 그래야 실제 시험에서 긴장하지 않고 실수를 최소화할 수 있기 때문입니다. 기출문제 풀이는 모든 시험의 필수적인 요소라고 할 수 있습니다.

이에 본서는 경찰대학 입시에 필수적인 과년도 최신 기출문제를 실어 연도별로 기출문제를 풀어볼 수 있도록 구성하였으며, 정답 및 해설에서 알기 쉽고 자세하게 풀이하였습니다.

본서는 여러분의 합격을 응원합니다!

경찰대학 입학 전형

모집 정원

50명(남녀통합선발)(일반전형 44명, 특별전형 6명)
※학과는 법학과/행정학과 각 25명 정원이며 2학년 진학 시 결정
※일반/특별전형 미충원 시 다른 전형 정원으로 전환함

지원 자격

- 1983. 1. 1부터 2008. 12. 31까지 출생한 대한민국 국적을 가진 자
    ※군복무 기간 1년 미만은 1세, 1년 이상~2년 미만은 2세, 2년 이상은 3세 연장
- 고등학교 졸업자, 2025. 2월 졸업예정자 또는 법령에 따라 이와 같은 수준 이상의 학력이 있다고 인정된 자
    ※인문·자연계열 구분 없이 응시 가능
    ※검정고시 응시자는 2024년 12월 31일 이전에 합격한 사람에 한함

결격 사유

-「경찰공무원법」제8조 제2항의 결격사유에 해당하는 자
    ※「국적법」제11조의2 제1항의 복수국적자는 입학 전까지 외국 국적 포기 절차가 완료되어야 함
- 경찰대학 학생모집 시험규칙으로 정한 신체기준(신체 조건과 체력 조건을 말한다)에 미달하는 자
- 위에서 지원 자격으로 제시된 학력, 연령, 국적에 해당하지 않는 자

1차 시험 방법

과목		국어	영어	수학
문항 수		45문항	45문항	25문항
시험시간		60분	60분	80분
출제형태		객관식(5지 택일 형태) ※수학은 단답형 주관식 5문항 포함		
배점	전체	100점	100점	100점
	문항	2점, 3점	2점, 3점	3점, 4점, 5점
출제범위		독서, 문학	영어 I, 영어 II	수학 I, 수학 II

전형 절차

구 분		내 용	장 소
인터넷 원서접수 (11일간)		■ 대학 홈페이지에 접속하여 원서접수 (대행업체 홈페이지와 링크)	인터넷

⋮

1차 시험	시험	■ 지구(14개) : 서울 · 부산 · 대구 · 인천 · 광주 · 대전 · 경기 · 강원 · 충북 · 전북 · 경남 · 울산 · 제주 · 충남 ※ 지정장소는 원서접수 후 홈페이지 공지 ■ 수험표, 컴퓨터용 사인펜, 수정테이프, 신분증(주민등록증, 학생증, 운전면허증, 여권 등 사진 대조 가능) 휴대	응시지구 지방경찰청 지정장소
	시험문제 이의제기	홈페이지 1차 시험 이의 제기 코너에서 이의 접수	인터넷
	합격자 발표	■ 대학 홈페이지 발표 ■ 원서접수 홈페이지 성적 개별 확인	인터넷

⋮

2차 시험	구비서류 제출	미제출자 불합격 처리	인편 또는 등기우편
	자기소개서 제출	제출 기간 내 원서 접수 대행업체 "자기소개서 업로드"에 작성 완료한 자기소개서 제출(파일 업로드)	인터넷
	신체검사서 제출	경찰공무원 채용 신체검사(약물검사 포함) 가능한 국 · 공립 병원 또는 종합병원에서 개별 수검(검사비용 등 수험생 부담) ※ 미제출자 불합격 처리	인편 또는 등기우편
	체력 · 적성검사, 면접시험	세부 일정은 1차 시험 후 홈페이지 공지 ※ 식비는 수험생 부담	경찰대학

⋮

최종 합격자 발표		대학 홈페이지 발표	인터넷

⋮

합격자 등록		원서접수 홈페이지에서 입학등록 및 입학등록표 출력	인터넷

⋮

1차 추가합격자 발표		원서접수 홈페이지 개별 확인	인터넷

⋮

1차 추가합격자 등록		원서접수 홈페이지에서 입학등록 및 입학등록표 출력 ※ 이후 등록포기자 발생 시 개별 통지	인터넷

⋮

청람교육 입교		본인이 직접 입교 후 합숙 예정 ※ 미입교 및 퇴교자 발생 시 추가합격 개별 통지	경찰대학

신체 및 체력조건

- 신체조건(남 · 여 공통)

구 분	내 용
체격	국 · 공립병원 또는 종합병원에서 실시한 경찰공무원 채용시험 신체검사 및 약물검사의 결과 건강상태가 양호하고, 직무에 적합한 신체를 가져야 함
시력	시력(교정시력 포함)은 좌 · 우 각각 0.8 이상이어야 함
색각	색각 이상(약도 색약은 제외)이 아니어야 함
청력	정상(좌우 각각 40데시벨(db) 이하의 소리를 들을 수 있는 경우를 말함)이어야 함
혈압	고혈압 또는 저혈압이 아니어야 함 • 고혈압 : 수축기 혈압이 145mmHg을 초과하거나 확장기 혈압이 90mmHg 초과 • 저혈압 : 수축기 혈압이 90mmHg 미만이거나 확장기 혈압이 60mmHg 미만
사시 (斜視)	복시(複視 : 겹보임)가 없어야 함(다만, 안과 전문의가 직무수행에 지장이 없다고 진단한 경우는 제외)
문신	내용 및 노출여부에 따라 경찰공무원의 명예를 훼손할 수 있다고 판단되는 문신이 없어야 함

- 순환식 체력검사 기준

채용기준	4분 40초 이하

- 합격 기록: 5분 10초 이하

- 불합격 기록: 5분 10초 초과

채용기준	4.2kg 조끼 착용

- 4.2kg 조끼 미착용 후 평가 실시

- 순환식 체력검사 불합격 시 당일에 한해 2회 추가기회 부여

- 경찰대학 입학생들은 졸업(임용) 전 채용기준으로 「순환식 체력검사」를 통과하여야 함

- 채용기준: 4.2kg 조끼를 착용하고 신체저항성 기구 32kg으로 중량 강화하여 4분 40초 이하 수행

▌최종 사정(1,000점 만점) 방법

- 1차 시험 성적(20%) : 환산 성적 200점 만점 → 최종사정 환산 성적=(3과목 합계점수)×200/300
- 체력검사 성적(5%) : 환산 성적 50점 만점 → 최종사정 환산 성적=20점+[(평가 원점수)×3/5]
- 면접시험 성적(10%) : 환산 성적 100점 만점 → 최종사정 환산 성적=50점+[(평가 원점수)÷2]

항 목	점수(100)	비고
적성	40	■ 평가원점수 100점 만점 기준 60점 미만 불합격
창의성·논리성	30	※ 적성 면접 평가 40점 만점 기준으로 4할(16점) 미만자는 전체 평가 원점수 60점 이상이어도 불합격
집단토론	30	■ 생활태도 평가의 감점상한은 최대 10점으로 하고, 감점하는 사유는 면접시험 안내 시 별도로 설명
생활태도	감점제	

- 학교생활기록부 성적(15%) : 교과 성적 135점, 출석 성적 15점 만점(고등학교 1학년 1학기~3학년 1학기)

교과성적 산출방법	■ 이수단위와 석차등급(9등급)이 기재된 전 과목 반영 ■ 산출공식 = 135점 − (5 − 환산평균) × 5 − 환산평균 = (환산총점) ÷ (이수단위 합계) − 환산총점 = (과목별 단위 수 × 석차등급 환산점수)의 합계 − 학교생활기록부 석차등급 환산점수

석차등급	1등급	2등급	3등급	4등급	5등급	6등급	7등급	8등급	9등급
점 수	5점	4.5점	4점	3.5점	3점	2.5점	2점	1.5점	1점

※ 예체능 교과(우수, 보통, 미흡 3등급 평가) 제외

출석성적 산출방법

1·2학년 및 3학년 1학기까지 결석일수를 5개 등급으로 구분

결석일수	1일 미만	1~2일	3~5일	6~9일	10일 이상
점 수	15점	14점	13점	12점	11점

- 무단지각, 조퇴, 결과는 합산하여 3회를 결석 1일로 계산
- 질병 및 기타 인정사항으로 인한 결석, 지각, 조퇴, 결과는 결석일수 계산에서 제외
 ※ 학교생활기록부 출결사항에서 사고(무단)의 경우만 산정

학생부 비적용 대상자

대학수학능력시험 성적에 따라 유사한 성적군의 학교생활기록부 성적과 비교하여 산출한 비교내신 반영
- 고등학교 졸업학력 검정고시 출신인 사람
- 고등학교에서 조기졸업을 하였거나 상급학교 조기입학 자격을 갖춘 사람
- 외국 소재 고등학교에서 과정의 1개 학기 이상을 이수하여 고등학교 1학년 1학기부터 3학년 1학기까지 1개 학기 이상의 학교생활기록부가 없는 사람
- 그 밖에 위에 나열한 사람에 준하는 사유로 고등학교 1학년 1학기부터 3학년 1학기까지 1개 학기 이상의 학교생활기록이 없는 사람
- 석차등급(9등급제)을 적용받지 않은 사람

- 대학수학능력시험 성적(50%) : 국어·수학·영어 및 탐구 2과목 필수(계열 구분없이 사회·과학탐구 영역 중 2과목 선택), 한국사 필수

영 역	합계	국어·수학	영어	탐 구	한국사
점 수	500점	각 140점	등급별 환산점수	80점	수능 환산 점수에서 등급별 감점

※ 탐구영역에서 제2외국어·직업탐구는 제외(사회탐구·과학탐구 대체 불가)

※ 한국사 : 수능 환산점수에서 등급에 따라 감점 적용

등급	1	2	3	4	5	6	7	8	9
반영점수	0	−0.5	−1	불합격					

구비 서류

1차 시험	■ 대상 : 응시자 전원 ■ 홈페이지에서 대행업체 웹사이트 접속하여 응시원서 접수(수수료 : 25,000원) ■ 인터넷에 게시된 양식에 따라 응시원서 작성 ■ 컬러사진 3.5cm×4.5cm(온라인 응시원서 작성 시 첨부파일로 첨부)
2차 시험	■ 대상 : 1차 시험 합격자 ■ 신원진술서 2부 ■ 개인정보제공동의서 2부 ■ 기본증명서(상세) 1부 ■ 가족관계증명서(상세) 1부 ■ 고등학교 학교생활기록부 2부 (비적용 대상자는 졸업증서나 검정고시 합격증 사본 등을 제출하되 원본은 면접시험 시 지참) ■ 고등학교 개인별 출결 현황 1부(해당자만) ※ 3학년 기간 중 결석, 지각, 조퇴, 결과 기록이 있는 경우 발생한 학기의 증명을 위해 제출

응시자 유의사항

– 응시자는 경찰대학 홈페이지의 입학안내 게시사항을 확인하고 안내에 따라야 함
– 다음에 해당하는 응시자는 불합격(합격 및 입학 취소) 처리됨

  1. 제출기간 내 구비서류 미제출자
  2. 1차 시험 또는 2차 시험에 결시한 자
  3. 원서 접수 후 지원자격에 부합하지 않은 사실이 확인된 자
  4. 부정행위, 서류의 허위 기재, 위조, 변조, 기타 부정한 방법으로 지원한 자
  5. 신체검사, 체력검사, 면접시험 등 기준 미달자
  6. 국내 또는 외국 소재 고등학교 졸업(예정)자로서 최종 합격한 자 중 2022학년도 학기 개시일 이전 졸업 증명서를 제출하지 않은 자
  7. 사회적 물의 야기 등으로 경찰대학 대학운영위원회에서 합격취소 결정한 자
– 제출한 서류는 반환하지 않음

 모집 요강은 추후 변동될 수 있으므로 반드시 경찰대학 홈페이지에서 확인하시기 바랍니다.

순환식 체력검사

구분	합격		불합격
기록	5분 10초 이하		5분 10초 초과
	채용기준	4분 40초 이하	

※ 4.2kg 조끼 미착용 후 평가 실시	채용기준	4.2kg 조끼 착용

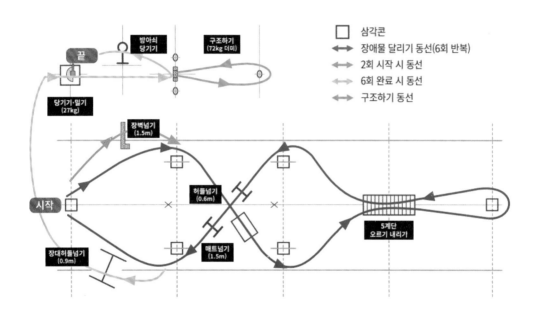

수행방법	① [파란선] 매트넘기, 5계단오르내리기, 허들넘기로 구성된 장애물 달리기* 1회 　　*장애물 달리기: 매트넘기 1회, 5계단오르내리기 2회(왕복), 허들넘기 2회 ② [주황선] 장애물 달리기 2회 시작 시 1.5m 높이 장벽 넘기 ③ [파란선] 장애물 달리기 추가 5회 반복 수행 ④ [노란선] 장대허들(0.9m) 넘기 왕복 3회 ⑤ [노란선] 신체저항성 기구(27kg) 당기기 · 밀기 각 3회 총 6회

채용기준	32kg

⑥ [초록선] 72kg 더미 끌고 반환점 돌아오기(10.7m)
⑦ [노란선] 38권총 방아쇠 당기기(주손 · 반대손 각 16, 15회)

※ 순환식 체력검사 불합격 시 당일에 한해 2회 추가기회 부여
※ 경찰대학 입학생들은 졸업(임용) 전 채용기준으로 「순환식 체력검사」를 통과하여야 함
　– 채용기준: 4.2kg 조끼를 착용하고 신체저항성 기구 32kg으로 중량 강화하여 4분 40초 이하 수행

경찰대학 Q&A

Q1 경찰대학의 학과에는 무엇이 있나요?

법학과, 행정학과 총 2개의 학과가 있습니다.

Q2 학과별로 모집하나요?

학과 구분 없이 50명을 모집하며, 2학년 진학 시 학생의 희망에 따라 각 학과별 25명씩 학과를 선택합니다. 특정 학과 지원자가 많을 경우 1학년 성적에 의하여 강제로 나뉠 수 있습니다.

Q3 특성화 고등학교, 검정고시 합격자도 지원할 수 있나요?

특성화 고등학교, 검정고시 합격자 모두 아무 제한 없이 지원할 수 있습니다. 다만, 경찰대학에서 요구하는 대학수학능력시험의 영역을 응시해야 합니다.

Q4 편입학제도가 있나요? 타 대학 수시합격자도 지원할 수 있나요?

2023학년도부터 편입학제도가 실시됩니다.(일반 대학생 25명, 재직경찰관 25명)
※ 경찰대학은 특별법에 의해 설립된 대학으로 복수지원 금지규정에 해당되지 않습니다.

Q5 외국어 특기, 경시대회 입상, 학생회 활동, 봉사활동, 무도 단증 등에 대한 가산점이 있나요?

어떤 종류에 대해서도 가산점을 부여하지 않고 있으며, 아울러 차별이나 감점도 없습니다.

Q6 아버지, 친척 등이 전과자인데, 응시에 제한을 받나요?

연좌제는 법으로 금지되고 있으므로 부모, 형제, 친척의 전과 등으로 인해 본인에게 영향은 없습니다.

Q7 1차 시험은 어디에서 보나요?

1차 시험은 수험생 응시지구의 관할 지방경찰청이 지정하는 장소에서 실시되며 보통 해당 지방경찰청 소재지 내 지정학교에서 시행됩니다. 장소는 원서접수 후 홈페이지에 별도로 공지합니다.

Q8 1차 시험은 어떤 과목을 보나요?

1차 시험 과목은 국어, 영어, 수학입니다. 각각 100점 만점 기준 고득점자 순으로 모집정원(50명)의 6배수를 선발합니다. 커트라인 동점자는 모두 합격처리합니다.

Q9 1차 시험의 시험시간, 출제형태, 난이도 등은 어떻게 되나요?

1차 시험의 시험시간은 국어 60분(45문항), 수학 80분(25문항), 영어 60분(45문항)이고, 객관식(5지 택일 형)이며 수학 과목만 단답형 주관식 5문항이 포함되어 있습니다. 말하기, 듣기 평가는 제외됩니다. 문제의 난이도는 응시자의 수준을 고려하여 출제하므로 일반적인 시험보다 어렵다고 느끼는 학생들이 있으며, 문제 형식은 가급적 수능시험 형태를 유지하는 것을 기본으로 합니다.

Q10 수학능력시험은 최종에 어떤 방법으로 반영하나요?

국어, 수학, 영어 및 탐구 2과목(계열 구분없이 사회·과학탐구 영역 중 2과목) 표준점수를 총 500점 만점으로 반영합니다. 국어, 수학은 각 140점 만점으로 반영하고, 영어는 등급별 환산점수로, 탐구는 80점 만점으로 반영합니다. 최종사정 1,000점 만점 중 500점을 반영하므로 50% 반영하는 것입니다.

Q11 내신은 어떤 방법으로 산출 하나요?

내신성적 산출은 학교생활기록부에 기재된 과목별 석차등급(1-9등급)을 반영하여 산출하게 되며 1학년 1학기부터 3학년 1학기까지 5학기를 적용하고 학기별 배점비율은 동일합니다.

Q12 수능시험만 잘 봐도 합격이 가능한가요?

최종합격생 선발 시, 대학수학능력시험 성적은 50%가 반영되므로 수능만 잘 본다고 해서 반드시 합격하는 것은 아닙니다.

이 책의 구성과 특징

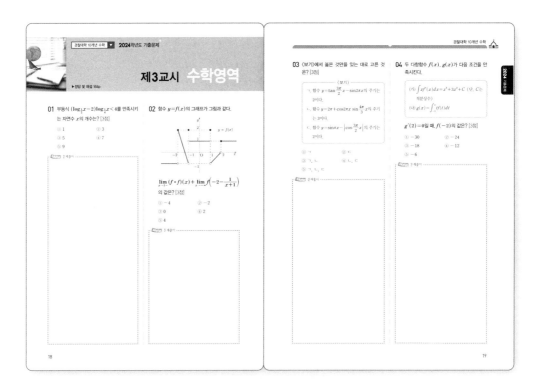

경찰대학 연도별 최신 10개년 기출문제

■ 경찰대학 1차 시험 수학영역의 기출문제를 2024학년도부터 2015학년도까지 연도별로 정리하여 수록함으로써 연도별 기출 경향과 출제 방향을 파악할 수 있도록 구성하였습니다.

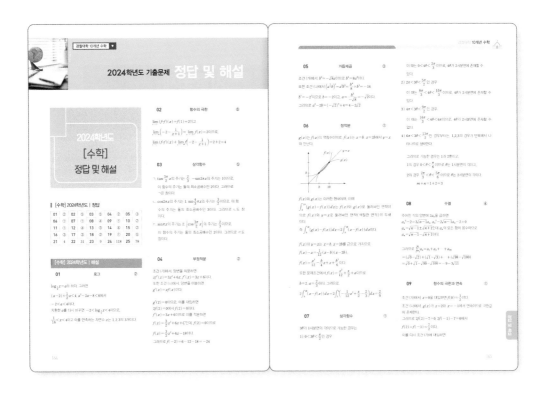

정답 및 해설

- **해   설** : 각 문항별로 자세하고 알기 쉽게 풀이하여 수험생들이 쉽게 이해할 수 있도록 구성하였습니다.

- **다른풀이** : 주어진 해설뿐만 아니라 다른 관점에서의 해설도 함께 수록하여 명확히 이해할 수 있도록 구성
  하였습니다.

목차

기출문제

정답 및 해설

경찰대학 스터디 플랜

날 짜	연 도	과 목	내 용	학습시간
Day 1~3	2024학년도	• 수학영역 기출문제		
Day 4~6	2023학년도	• 수학영역 기출문제		
Day 7~9	2022학년도	• 수학영역 기출문제		
Day 10~12	2021학년도	• 수학영역 기출문제		
Day 13~15	2020학년도	• 수학영역 기출문제		
Day 16~18	2019학년도	• 수학영역 기출문제		
Day 19~21	2018학년도	• 수학영역 기출문제		
Day 22~24	2017학년도	• 수학영역 기출문제		
Day 25~27	2016학년도	• 수학영역 기출문제		
Day 28~30	2015학년도	• 수학영역 기출문제		

2025
경찰대학
10개년 수학

2024학년도 기출문제
수학영역

제3교시 수학영역

▶정답 및 해설 164p

01 부등식 $(\log_{\frac{1}{2}}x-2)\log_{\frac{1}{4}}x<4$를 만족시키는 자연수 x의 개수는? [3점]

① 1   ② 3

③ 5   ④ 7

⑤ 9

solution 문제풀이

02 함수 $y=f(x)$의 그래프가 그림과 같다.

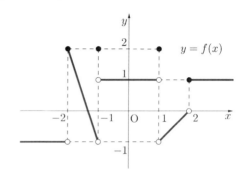

$$\lim_{x \to 1-}(f \circ f)(x)+\lim_{x \to -\infty}f\left(-2-\frac{1}{x+1}\right)$$

의 값은? [3점]

① -4 ② -2

③ 0   ④ 2

⑤ 4

solution 문제풀이

03 〈보기〉에서 옳은 것만을 있는 대로 고른 것은? [3점]

> ── 〈보기〉 ──
> ㄱ. 함수 $y=\tan\dfrac{3\pi}{2}x-\sin2\pi x$의 주기는 2이다.
>
> ㄴ. 함수 $y=2\pi+\cos2\pi x\,\sin\dfrac{4\pi}{3}x$의 주기는 3이다.
>
> ㄷ. 함수 $y=\sin\pi x-\left|\cos\dfrac{3\pi}{2}x\right|$의 주기는 2이다.

① ㄱ ② ㄷ
③ ㄱ, ㄴ ④ ㄴ, ㄷ
⑤ ㄱ, ㄴ, ㄷ

solution 문제풀이

04 두 다항함수 $f(x)$, $g(x)$가 다음 조건을 만족시킨다.

> (가) $\displaystyle\int xf'(x)dx=x^3+3x^2+C$ (단, C는 적분상수)
>
> (나) $g(x)=\displaystyle\int_{-1}^{x} tf(t)dt$

$g'(2)=0$일 때, $f(-2)$의 값은? [3점]

① -30 ② -24
③ -18 ④ -12
⑤ -6

solution 문제풀이

05 두 실수 a, b가 다음 조건을 만족시킬 때, $a^3 - 2b$의 값은? [4점]

> (가) b는 $-\sqrt{8a}$의 제곱근이다.
> (나) $\sqrt[3]{a^2}\, b$는 -16의 세제곱근이다.

① $-2-2\sqrt{2}$ ② -2
③ $4-2\sqrt{2}$ ④ 2
⑤ $2+2\sqrt{2}$

solution 문제풀이

06 $x \geq 0$에서 정의된 함수 $f(x) = \dfrac{x^2}{12} + \dfrac{x}{2} + a$ 에 대하여 $f(x)$의 역함수를 $g(x)$라 하자. 방정식 $f(x) = g(x)$의 근이 b, $2b$ $(b>0)$ 일 때, $\displaystyle\int_b^{2b} \{g(x) - f(x)\}dx$의 값은? (단, a는 상수이다.) [4점]

① $\dfrac{2}{9}$ ② $\dfrac{1}{3}$
③ $\dfrac{4}{9}$ ④ $\dfrac{5}{9}$
⑤ $\dfrac{2}{3}$

solution 문제풀이

07 3θ는 제1사분면의 각이고 4θ는 제2사분면의 각일 때, θ는 제m사분면 또는 제n사분면의 각이다. $m+n$의 값은? (단, $m \neq n$) [4점]

① 3   ② 4

③ 5   ④ 6

⑤ 7

solution 문제풀이

08 모든 항이 음수인 수열 $\{a_n\}$이

$$\frac{1}{2}\left(a_n - \frac{2}{a_n}\right) = \sqrt{n-1} \ (n \geq 1)$$

을 만족시킬 때, $\sum\limits_{n=1}^{99} a_n$의 값의? [4점]

① -20 ② $-10-3\sqrt{11}$

③ $-10-7\sqrt{2}$ ④ $-9-3\sqrt{11}$

⑤ $-9-7\sqrt{2}$

solution 문제풀이

09 실수 전체의 집합에서 연속인 두 함수 $f(x)$, $g(x)$가 다음 조건을 만족시킨다.

> (가) 모든 실수 x에 대하여
> $f(x)+f(-x)=1$이다.
> (나) $x^2-x-2\neq0$일 때,
> $g(x)=\dfrac{2f(x)-7}{x^2-x-2}$이다.

방정식 $f(x)=k$가 반드시 열린구간 $(0, 2)$에서 적어도 2개의 실근을 갖도록 하는 정수 k의 개수는? [4점]

① 3　　　　② 4

③ 5　　　　④ 6

⑤ 7

10 함수
$$f(x)=\begin{cases}2(x-2) & (x<2)\\4(x-2) & (x\geq2)\end{cases}$$
와 실수 t에 대하여 함수 $g(t)$를
$$g(t)=\int_{t-1}^{t+2}|f(x)|\,dx$$
라 하자. $g(t)$가 $t=a$에서 최솟값 b를 가질 때, $a+b$의 값은? [4점]

① 6　　　　② 7

③ 8　　　　④ 9

⑤ 10

11 두 실수 $a(a>0)$, b에 대하여 수직선 위를 움직이는 점 P의 시각 $t(t\geq0)$에서의 위치 $x(t)$가

$$x(t)=t^3-6at^2+9a^2t+b$$

일 때, $x(t)$는 다음 조건을 만족시킨다.

> (가) 점 P가 출발한 후 점 P의 운동 방향이 바뀌는 순간의 위치의 차는 32이다.
> (나) 점 P가 출발한 후 점 P의 가속도가 0이 되는 순간의 위치는 36이다.

$b-a$의 값은? [4점]

① 18 　　　 ② 23

③ 28 　　　 ④ 33

⑤ 38

solution 문제풀이

---

12 함수

$$f(x)=\begin{cases} \dfrac{x^2+ax+b}{x-5} & (x\neq5) \\ 7 & (x=5) \end{cases}$$

에 대하여 두 함수 $g(x)$, $h(x)$를

$$g(x)=\begin{cases} \sqrt{4-f(x)} & (x<1) \\ f(x) & (x\geq1) \end{cases},$$

$$h(x)=|\{f(x)\}^2+\alpha|-11$$

이라 하자. 함수 $f(x)$가 실수 전체의 집합에서 연속일 때, 함수 $g(x)h(x)$도 실수 전체의 집합에서 연속이 되도록 하는 모든 실수 α의 값의 곱은? (단, a, b는 상수이다.) [4점]

① -34 　　　 ② -36

③ -38 　　　 ④ -40

⑤ -42

solution 문제풀이

13 삼각형 ABC가 다음 조건을 만족시킨다.

> (가) $\cos^2 A + \cos^2 B - \cos^2 C = 1$
> (나) $2\sqrt{2}\cos A + 2\cos B + \sqrt{2}\cos C = 2\sqrt{3}$

삼각형 ABC의 외접원의 반지름의 길이가 3일 때, 삼각형 ABC의 넓이는? [4점]

① $4\sqrt{3}$
② $5\sqrt{2}$
③ $6\sqrt{2}$
④ $5\sqrt{3}$
⑤ $6\sqrt{3}$

Solution 문제풀이

14 최고차항의 계수가 양수인 다항함수 $f(x)$와 $f(x)$의 한 부정적분 $F(x)$가 다음 조건을 만족시킨다.

> (가) $\displaystyle\lim_{x \to \infty} \frac{\{F(x) - x^2\}\{f(x) - 2x\}}{x^5} = 3$
> (나) $\displaystyle\lim_{x \to 0} \frac{f(x) - 2}{x} = 2$
> (다) $f(0)F(0) = 4$

곡선 $y = F(x) - f(x)$와 x축으로 둘러싸인 도형의 넓이는? [4점]

① $\dfrac{1}{3}$
② $\dfrac{2}{3}$
③ 1
④ $\dfrac{4}{3}$
⑤ $\dfrac{5}{3}$

Solution 문제풀이

15 모든 항이 양수인 수열 $\{a_n\}$이 다음 조건을 만족시킨다.

> (가) $a_2 = \pi$
>
> (나) $7a_n - 5a_{n+1} > 0 \ (n \geq 1)$
>
> (다) $2\sin^2\left(\dfrac{a_{n+1}}{a_n}\right) - 5\sin\left(\dfrac{\pi}{2} + \dfrac{a_{n+1}}{a_n}\right) + 1$
>
> $\qquad = 0 \ (n \geq 1)$

$\dfrac{(a_4)^5}{(a_6)^3}$의 값은? [4점]

① 4 　　　　　② 9

③ 16 　　　　　④ 25

⑤ 36

solution 문제풀이

16 $0 \leq x \leq 1$인 모든 실수 x에 대하여 부등식

$$2ax^3 - 3(a+1)x^2 + 6x \leq 1$$

이 성립할 때, 양수 a의 최솟값은? [4점]

① $\dfrac{11+\sqrt{5}}{6}$ 　　　② $\dfrac{5+\sqrt{5}}{3}$

③ $\dfrac{3+\sqrt{5}}{2}$ 　　　④ $\dfrac{4+2\sqrt{5}}{3}$

⑤ $\dfrac{7+5\sqrt{5}}{6}$

solution 문제풀이

17 두 실수 a, b가 다음 조건을 만족시킬 때, $a+b+c+d$의 값은? [5점]

> (가) $\lim\limits_{x \to \infty}(\sqrt{(a-b)x^2+ax}-x)=c$ (c는 상수)
>
> (나) $\lim\limits_{x \to -\infty}(ax-b-\sqrt{-(b+1)x^2-4x})$ $=d$ (d는 상수)

① $-\dfrac{5}{2}$ ② -3

③ $-\dfrac{7}{2}$ ④ -4

⑤ $-\dfrac{9}{2}$

> **Solution** 문제풀이

18 모든 자연수 n에 대하여 세 점 $(n-1, 1)$, $(n, 0)$, $(n, 1)$을 꼭짓점으로 하는 삼각형을 T_n, 직선 $y=\dfrac{x}{n}$가 직선 $y=1$과 만나는 점을 A_n, 점 A_n에서 x축에 내린 수선의 발을 B_n이라 할 때, 삼각형 T_1, T_2, $\cdots$, T_n의 내부와 삼각형 OA_nB_n의 내부의 공통부분의 넓이를 a_n이라 하자. 예를 들어, 그림과 같이 a_3은 세 삼각형 T_1, T_2, T_3의 내부와 삼각형 OA_3B_3의 내부의 공통부분의 넓이를 나타내고 $a_3=\dfrac{7}{12}$이다. a_{50}의 값은? (단, O는 원점이다.) [5점]

① $\dfrac{49}{6}$ ② $\dfrac{101}{12}$

③ $\dfrac{26}{3}$ ④ $\dfrac{107}{12}$

⑤ $\dfrac{55}{6}$

> **Solution** 문제풀이

19 실수 $t\,(2 < t < 8)$에 대하여 이차함수 $f(x) = (x-2)^2$ 위의 점 $\mathrm{P}(t, f(t))$에서의 접선이 x축과 만나는 점을 Q라 하자. 직선 $y = 2(t-2)(x-5)$ 위의 한 점 R를 $\overline{\mathrm{PR}} = \overline{\mathrm{QR}}$가 되도록 잡는다. 삼각형 PQR의 넓이를 $S(t)$라 할 때,

$\displaystyle\lim_{t \to 2+} \dfrac{S(t)}{(t-2)^2}$의 값은? [5점]

① $\dfrac{3}{2}$ ② 2

③ $\dfrac{5}{2}$ ④ 3

⑤ $\dfrac{7}{2}$

solution 문제풀이

20 $0 \le x < 2\pi$일 때, 함수

$f(x) = 2\cos^2 x - |1 + 2\sin x| - 2|\sin x| + 2$

에 대하여 집합

$A = \{x \,|\, f(x)$의 갑은 0 이하의 정수$\}$

라 하자. 집합 A의 원소의 개수는? [5점]

① 6 ② 7

③ 8 ④ 9

⑤ 10

solution 문제풀이

21 최고차항의 계수가 1인 삼차함수 $f(x)$에 대하여 함수 $g(x)$를

$$g(x) = \begin{cases} f(x) & (x<1) \\ -f(x) & (x\geq 1) \end{cases}$$

이라 하자. 함수 $g(x)$가 실수 전체의 집합에서 미분가능하고 $x=-1$에서 극값을 가질 때, 함수 $f(x)$의 극댓값을 구하시오. [3점]

solution 문제풀이

22 다항함수 $f(x)$가 다음 조건을 만족시킬 때, $f(1)$의 값을 구하시오. [4점]

(가) 모든 실수 x에 대하여 $2f(x)-(x+2)$ $f'(x)-8=0$이다.

(나) x의 값이 -3에서 0까지 변할 때, 함수 $f(x)$의 평균변화율은 3이다.

solution 문제풀이

23 방정식

$3^x + 3^{-x} - 2(\sqrt{3^x} + \sqrt{3^{-x}}) - |k-2| + 7 = 0$이 실근을 갖지 않도록 하는 정수 k의 개수를 구하시오. [4점]

solution 문제풀이

24 수열 $\{a_n\}$과 공차가 2인 등차수열 $\{b_n\}$이

$$n(n+1)b_n = \sum_{k=1}^{n}(n-k+1)a_k \ (n \geq 1)$$

을 만족시킨다. $a_5 = 58$일 때, a_{10}의 값을 구하시오. [4점]

solution 문제풀이

25 두 함수

$$y = 4^x, \quad y = \frac{1}{2^a} \times 4^x - a$$

의 그래프와 두 직선

$$y = -2x - \log b, \quad y = -2x + \log c$$

로 둘러싸인 도형의 넓이가 3이 되도록 하는 자연수 a, b, c의 모든 순서쌍 (a, b, c)의 개수를 구하시오. [5점]

--- **Solution** 문제풀이 ---

2025
경찰대학

10개년 수학

2023학년도 기출문제

수학영역

제3교시 수학영역

▶정답 및 해설 172p

[01~20] 각 문항의 답을 하나만 고르시오.

01 넓이가 $5\sqrt{2}$인 예각삼각형 ABC에 대하여 $\overline{AB}=3$, $\overline{AC}=5$일 때, 삼각형 ABC의 외접원의 반지름의 길이는? [3점]

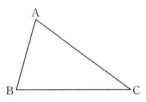

① $\dfrac{3\sqrt{3}}{2}$ ② $\dfrac{7\sqrt{3}}{4}$

③ $2\sqrt{3}$ ④ $\dfrac{9\sqrt{3}}{4}$

⑤ $\dfrac{5\sqrt{3}}{2}$

solution 문제풀이

02 시각 $t=0$일 때 동시에 원점을 출발하여 수직선 위를 움직이는 두 점 P, Q의 시각 $t(t\geq0)$에서의 속도가 각각
$$v_P(t)=3t^2+2t-4, \ v_Q(t)=6t^2-6t$$
이다. 출발한 후 두 점 P, Q가 처음으로 만나는 위치는? [3점]

① 1   ② 2

③ 3   ④ 4

⑤ 5

solution 문제풀이

03 직선 $x=a$와 세 함수

$$f(x)=4^x, g(x)=2^x, h(x)=-\left(\frac{1}{2}\right)^{x-1}$$

의 그래프가 만나는 점을 각각 P, Q, R라 하자. $\overline{PQ}:\overline{QR}=8:3$일 때, 상수 a의 값은? [3점]

① 1

② $\frac{3}{2}$

③ 2

④ $\frac{5}{2}$

⑤ 3

solution 문제풀이

04 자연수 $k(k\geq 2)$에 대하여 집합

$A=\{(a,\ b)\,|\,a,\ b$는 자연수, $2\leq a\leq k,$

$\log_a b\leq 2\}$의 원소의 개수가 54일 때, 집합 A의 원소 $(a,\ b)$에 대하여 $a+b+k$의 최댓값은? [3점]

① 27

② 29

③ 31

④ 33

⑤ 35

solution 문제풀이

05 사차함수 $f(x)$는 $x=1$에서 극값 2를 갖고, $f(x)$가 x^3으로 나누어떨어질 때, $\displaystyle\int_0^2 f(x-1)dx$의 값은? [4점]

① $-\dfrac{12}{5}$

② $-\dfrac{7}{5}$

③ $-\dfrac{2}{5}$

④ $\dfrac{3}{5}$

⑤ $\dfrac{8}{5}$

solution 문제풀이

06 두 정수 $a,\ b$에 대하여
$$a^2+b^2\leq13,\ \cos\frac{(a-b)\pi}{2}=0$$
을 만족시키는 모든 순서쌍 $(a,\ b)$의 개수는? [4점]

① 16

② 20

③ 24

④ 28

⑤ 32

solution 문제풀이

07 최고차항의 계수가 1인 삼차함수 $f(x)$는 $x=1$과 $x=-1$에서 극한값을 갖는다. $\{x|f(x)\leq 9x+9\}=(-\infty,\,a]$를 만족시키는 양수 a의 최솟값은? [4점]

① 1   ② 2

③ 3   ④ 4

⑤ 5

solution 문제풀이

08 원 $x^2+y^2=r^2$ 위의 점 $(a,\,b)$에 대하여 $\log_r|ab|$의 최댓값을 $f(r)$라 할 때, $f(64)$의 값은? (단, r는 1보다 큰 실수이고, $ab\neq 0$이다.) [4점]

① $\dfrac{7}{6}$ ② $\dfrac{4}{3}$

③ $\dfrac{3}{2}$ ④ $\dfrac{5}{3}$

⑤ $\dfrac{11}{6}$

solution 문제풀이

09 집합 $A=\{1,\ 2,\ 3,\ 4,\ 5\}$에서 A로의 함수 중에서 다음 조건을 만족시키는 함수 $f(x)$의 개수는? [4점]

(가) $\log f(x)$는 일대일함수가 아니다.

(나) $\log\{f(1)+f(2)+f(3)\}$
    $=2\log2+\log3$

(다) $\log f(4)+\log f(5)\leq1$

---

① 134   ② 140

③ 146   ④ 152

⑤ 158

Solution 문제풀이

10 함수
$$f(x)=\begin{cases}(x+2)^2 & (x\leq0)\\ -(x-2)^2+8 & (x>0)\end{cases}$$
이 있다. 실수 $m\,(m<4)$에 대하여 곡선 $y=f(x)$와 직선 $y=mx+4$로 둘러싸인 부분의 넓이를 $h(m)$이라 할 때, $h(-2)+h(1)$의 값은? [4점]

① 75   ② 78

③ 81   ④ 84

⑤ 87

Solution 문제풀이

11 수열 $\{a_n\}$의 일반항이

$$a_n = \frac{\sqrt{9n^2-3n-2}+6n-1}{\sqrt{3n+1}+\sqrt{3n-2}}$$

일 때, $\displaystyle\sum_{n=1}^{16} a_n$의 값은? [4점]

① 110

② 114

③ 118

④ 122

⑤ 126

solution 문제풀이

12 좌표평면에서 점 $(18, -1)$을 지나는 원 C가 곡선 $y=x^2-1$과 만나도록 하는 원 C의 반지름의 길이의 최솟값은? [4점]

① $\dfrac{\sqrt{17}}{2}$

② $\sqrt{17}$

③ $\dfrac{3\sqrt{17}}{2}$

④ $2\sqrt{17}$

⑤ $\dfrac{5\sqrt{17}}{2}$

solution 문제풀이

13 좌표평면 위의 점 (a, b)에서 곡선 $y = x^2$에 그은 두 접선이 서로 수직이고 $a^2 + b^2 \leq \dfrac{37}{16}$ 일 때, $a + b$의 최댓값을 p, 최솟값을 q라 하자. pq의 값은? [4점]

① $-\dfrac{33}{16}$ ② $-\dfrac{35}{16}$

③ $-\dfrac{37}{16}$ ④ $-\dfrac{39}{16}$

⑤ $-\dfrac{41}{16}$

solution 문제풀이

14 두 다항함수 $f(x)$, $g(x)$에 대하여
$f(1) = 2, g(1) = 0, f'(1) = 3, g'(1) = 2$ 일 때, $\displaystyle\lim_{x \to \infty} \sum_{k=1}^{4} \left\{ xf\left(1 + \dfrac{3^k}{x}\right) g\left(1 + \dfrac{3^k}{x}\right) \right\}$ 의 값은? [4점]

① 400   ② 440

③ 480   ④ 520

⑤ 560

solution 문제풀이

15 좌표평면에서 정삼각형 ABC에 내접하는 반지름의 길이가 1인 원 S가 있다. 실수 $t(0 \leq t \leq 1)$에 대하여 삼각형 ABC 위의 점 P와 원 S의 거리가 t인 점 P의 개수를 $f(t)$라 하자. 함수 $f(t)$가 $t=k$에서 불연속인 k의 개수를 a, $\lim_{t \to 1^-} f(t) = b$라 할 때, $a+b$의 값은?

(여기서, 점 P와 원 S의 거리는 점 P와 원 S 위의 점 X에 대하여 선분 PX의 길이의 최솟값이다.) [4점]

① 6   ② 7

③ 8   ④ 9

⑤ 10

solution 문제풀이

16 좌표평면에 네 점 $A(0, 0)$, $B(1, 0)$, $C(1, 1)$, $D(0, 1)$이 있다. 자연수 n에 대하여 집합 X_n은 다음 조건을 만족시키는 모든 점 (a, b)를 원소로 하는 집합이다.

(가) 점 (a, b)는 정사각형 $ABCD$의 내부에 있다.

(나) 정사각형 $ABCD$의 변 위를 움직이는 점 P와 점 (a, b) 사이의 거리의 최솟값은 $\frac{1}{2^n}$이다.

(다) $a = \frac{1}{2^k}$이고 $b = \frac{1}{2^m}$인 자연수 k, m이 존재한다.

집합 X_n의 원소의 개수를 a_n이라 할 때, $\sum_{n=1}^{10} a_n$의 값은? [4점]

① 100   ② 120

③ 140   ④ 160

⑤ 180

solution 문제풀이

17 두 자연수 a, b에 대하여 함수

$f(x)=\sin(a\pi x)+2b(0\le x\le 1)$

이 있다. 집합 $\{x|\log_a f(x)$는 정수$\}$의 원소의 개수가 8이 되도록 하는 서로 다른 모든 a의 값의 합은? [5점]

① 12   ② 15

③ 18   ④ 21

⑤ 24

18 함수 $f(x)=\begin{cases}1+x & (-1\le x<0)\\ 1-x & (0\le x\le 1)\\ 0 & (|x|>1)\end{cases}$

에 대하여 함수 $g(x)$를

$g(x)=\int_{-1}^{x} f(t)\{2x-f(t)\}dt$

라 할 때, 함수 $g(x)$의 최솟값은? [5점]

① $-\dfrac{1}{4}$ ② $-\dfrac{1}{3}$

③ $-\dfrac{5}{12}$ ④ $-\dfrac{1}{2}$

⑤ $-\dfrac{7}{12}$

Solution 문제풀이

19 최고차항의 계수가 양수인 다항함수 $f(x)$와 함수 $y=f(x)$의 그래프를 y축에 대하여 대칭이동한 그래프를 나타내는 함수 $g(x)$가 다음 조건을 만족시킨다.

(가) $\lim\limits_{x \to 1}\dfrac{f(x)}{x-1}$의 값이 존재한다.

(나) $\lim\limits_{x \to 3}\dfrac{f(x)}{(x-3)g(x)}=k$ (k는 0이 아닌 상수)

(다) $\lim\limits_{x \to -3+}\dfrac{1}{g(x)}=\infty$

$f(x)$의 차수의 최솟값이 m이다. $f(x)$의 차수가 최소일 때, $m+k$의 값은? [5점]

① $\dfrac{10}{3}$ ② $\dfrac{43}{12}$

③ $\dfrac{23}{6}$ ④ $\dfrac{49}{12}$

⑤ $\dfrac{13}{3}$

solution 문제풀이

20 곡선 $y=x^3-x^2$ 위의 제1사분면에 있는 점 A에서의 접선의 기울기가 8이다. 점 $(0, 2)$를 중심으로 하는 원 S가 있다. 두 점 $B(0, 4)$와 원 S 위의 점 X에 대하여 두 직선 OA와 BX가 이루는 예각의 크기를 θ라 할 때, $\overline{\text{BX}}\sin\theta$의 최댓값이 $\dfrac{6\sqrt{5}}{5}$가 되도록 하는 원 S의 반지름의 길이는? (단, O는 원점이다.) [5점]

① $\dfrac{3\sqrt{5}}{4}$ ② $\dfrac{4\sqrt{5}}{5}$

③ $\dfrac{17\sqrt{5}}{20}$ ④ $\dfrac{9\sqrt{5}}{10}$

⑤ $\dfrac{19\sqrt{5}}{20}$

solution 문제풀이

[21~25] 각 문항의 답을 답안지에 기재하시오.

21 수열 $\{a_n\}$이 모든 자연수 n에 대하여

$$\sum_{k=1}^{n} \frac{a_k}{2k-1} = 2^n$$

을 만족시킬 때, $a_1 + a_5$의 값을 구하시오.

[3점]

Solution 문제풀이

22 실수 a, b, c가

$$\log \frac{ab}{2} = (\log a)(\log b),$$

$$\log \frac{bc}{2} = (\log b)(\log c),$$

$$\log(ca) = (\log c)(\log a),$$

를 만족시킬 때, $a+b+c$의 값을 구하시오.
(단, a, b, c는 모두 10보다 크다.) [4점]

Solution 문제풀이

23 최고차항의 계수가 1인 이차함수 $f(x)$에 대하여 함수 $g(x)$를

$$g(x) = \begin{cases} -x^2 + 2x + 2 & (x < 1) \\ f(x) & (x \geq 1) \end{cases}$$

이라 하자. 함수 $g(x)$가 $x = 1$에서 연속이고 실수 전체의 집합에서 증가하도록 하는 모든 함수 $f(x)$에 대하여 $f(3)$의 최솟값을 구하시오. [4점]

24 모든 실수 x에 대하여 부등식

$(a\sin^2 x - 4)\cos x + 4 \geq 0$

을 만족시키는 실수 a의 최댓값과 최솟값의 합을 구하시오. [4점]

25 세 집합 A, B, C는

$$A = \left\{ (2+2\cos\theta, \ 2+2\sin\theta) \ \middle| \ -\frac{\pi}{3} \leq \theta \leq \frac{\pi}{3} \right\},$$

$$B = \left\{ (-2+2\cos\theta, \ 2+2\sin\theta) \ \middle| \ \frac{2\pi}{3} \leq \theta \leq \frac{4\pi}{3} \right\},$$

$$C = \{ (a, \ b) \ | \ -3 \leq a \leq 3, \ b = 2 \pm \sqrt{3} \}$$

이다. 좌표평면에서 집합 $A \cup B \cup C$의 모든 원소가 나타내는 도형을 X라 하고, 도형 X와 곡선 $y = -\sqrt{3}x^2 + 2$가 만나는 점의 y 좌표를 c라 하자. 집합 X로 둘러싸인 부분의 넓이를 α, 곡선 $y = -\sqrt{3}x^2 + 2$와 직선 $y = c$로 둘러싸인 부분의 넓이를 β라 하자. $\alpha - \beta = \dfrac{p\pi + q\sqrt{3}}{3}$일 때, $p+q$의 값을 구하시오. (단, p, q는 정수이다.) [5점]

Solution 문제풀이

2025

경찰대학  10개년 수학

제3교시 수학영역

▶정답 및 해설 181p

[01~20] 각 문항의 답을 하나만 고르시오.

01 두 양수 a, b가

$$\log_b a + \log_a b = \frac{26}{5}, \ ab = 27$$

을 만족시킬 때, $a^2 + b^2$의 값은? (단, $a \neq 1$, $b \neq 1$) [3점]

① 240   ② 242

③ 244   ④ 246

⑤ 248

-- Solution 문제풀이 --

02 삼각형 ABC에서 선분 BC의 길이가 3이고

$$4\cos^2 A - 5\sin A + 2 = 0$$

일 때, 삼각형 ABC의 외접원의 반지름의 길이는? [3점]

① $\frac{3}{2}$ ② 2

③ $\frac{5}{2}$ ④ 3

⑤ $\frac{7}{2}$

-- Solution 문제풀이 --

03 수직선 위를 움직이는 점 P의 시각 $t(t \geq 0)$에서의 속도 $v(t)$가

$$v(t) = at^2 + bt \ (a, b는 상수)$$

이다. 시각 $t=1$, $t=2$일 때, 점 P의 속도가 각각 15, 20이다.

시각 $t=1$에서 $t=5$까지 점 P가 움직인 거리는? [3점]

① $\dfrac{166}{3}$ ② 56

③ $\dfrac{170}{3}$ ④ $\dfrac{172}{3}$

⑤ 58

solution 문제풀이

04 다항함수 $f(x)$가 다음 조건을 만족시킬 때, $f(2)$의 값은? (단, a는 0이 아닌 상수이다.) [3점]

> (가) $\displaystyle\lim_{x \to \infty} \dfrac{f(x) - ax^2}{2x^2 + 1} = \dfrac{1}{2}$
>
> (나) $\displaystyle\lim_{x \to 0} \dfrac{f(x)}{x^2 - ax} = 2$

① 1 ② 2

③ 3 ④ 4

⑤ 5

solution 문제풀이

05 두 양수 a, b에 대하여
$0 \le \log_2 a \le 2$, $0 \le \log_2 b \le 2$이고
$\log_2 (a+b)$가 정수일 때, 두 점 $(4, 2)$와
(a, b)사이의 거리의 최솟값을 m, 최댓값을
M이라 하자. $m^2 + M^2$의 값은? [4점]

① 12   ② 14

③ 16   ④ 18

⑤ 20

Solution 문제풀이

06 모든 항이 양수인 등비수열 $\{a_n\}$에 대하여
$$a_1 = 2a_4, \quad a_3^{\log_2 3} = 27$$
일 때, 집합 $\left\{ n \,\middle|\, \log_4 a_n - \log_2 \dfrac{1}{a_n} \text{은 자연수} \right\}$
의 모든 원소의 개수는? [4점]

① 4   ② 5

③ 6   ④ 7

⑤ 8

Solution 문제풀이

07 실수 k에 대하여 함수

$f(x)=x^3+kx^2+(2k-1)x+k+3$의
그래프가 k의 값에 관계없이 항상 점 P를 지난다.

곡선 $y=f(x)$ 위의 점 P에서의 접선이 곡선 $y=f(x)$와 오직 한 점에서 만난다고 할 때, k의 값은? [4점]

① 1   ② 2

③ 3   ④ 4

⑤ 5

Solution 문제풀이

08 자연수 n과 $\lim\limits_{x\to\infty}\dfrac{f(x)-x^3}{x^2}=2$인 다항함수

$f(x)$에 대하여 함수 $g(x)$가

$$g(x)=\begin{cases} \dfrac{x-1}{f(x)} & (f(x)\neq 0) \\ \dfrac{1}{n} & (f(x)=0) \end{cases}$$

이다. $g(x)$가 실수 전체의 집합에서 연속이 되도록 하는 n의 최솟값은? [4점]

① 7   ② 8

③ 9   ④ 10

⑤ 11

Solution 문제풀이

09 삼차함수 $f(x)=x^3+x^2$의 그래프 위의 두 점 $(t,f(t))$와 $(t+1,f(t+1))$에서의 접선의 y절편을 각각 $g_1(t)$와 $g_2(t)$라 하자. 함수 $h(t)=|g_1(t)-g_2(t)|$의 최솟값은? [4점]

① $\dfrac{1}{3}$　　　　② $\dfrac{2}{3}$

③ 1　　　　④ $\dfrac{4}{3}$

⑤ $\dfrac{5}{3}$

Solution 문제풀이

10 두 수열 $\{a_n\}$, $\{b_n\}$이

$$a_n=\sum_{k=1}^{n}k,$$

$$b_1=1,\ b_n=b_{n-1}\times\frac{a_n}{a_n-1}\ (n\geq 2)$$

를 만족시킬 때, b_{100}의 값은? [4점]

① $\dfrac{44}{17}$　　　　② $\dfrac{46}{17}$

③ $\dfrac{48}{17}$　　　　④ $\dfrac{50}{17}$

⑤ $\dfrac{52}{17}$

Solution 문제풀이

11 그림과 같이 원에 내접하는 삼각형 ABC가 있다. 호 AB, 호 BC, 호 CA의 길이가 각각 3, 4, 5이고 삼각형 ABC의 넓이가 S일 때, $\dfrac{\pi^2 S}{9}$의 값은? [4점]

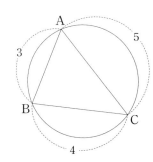

① $2-\sqrt{3}$ ② $\sqrt{3}$

③ $1+\sqrt{3}$ ④ $2+\sqrt{3}$

⑤ $3+\sqrt{3}$

solution 문제풀이

12 다항함수 $f(x)$가 다음 조건을 만족시킬 때, 상수 a의 값은? [4점]

> (가) 모든 실수 x에 대하여
> $$\frac{d}{dx}\left\{\int_1^x (f(t)+t^2+2at-3)\,dt\right\}$$
> $$=\int_1^x \left\{\frac{d}{dt}(2f(t)-3t+7)\right\}dt$$
> (나) $\displaystyle\lim_{h\to 0}\frac{f(3+h)-f(3-h)}{h}=6$

① -1 ② -2

③ -3 ④ -4

⑤ -5

solution 문제풀이

13 실수 $r=\dfrac{3}{\sqrt[3]{4}-\sqrt[3]{2}+1}$ 에 대하여

$$r+r^2+r^3=a\sqrt[3]{4}+b\sqrt[3]{2}+c$$

일 때, $a+b+c$의 값은? (단, a, b, c는 유리수이다.) [4점]

① 7 ② 9

③ 11 ④ 13

⑤ 15

Solution 문제풀이

14 삼각형 ABC에서 $\angle A=\dfrac{2\pi}{3}$이고 $\overline{AB}=6$ 이다. $\overline{AC}$와 $\overline{BC}$의 합이 24일 때, $\cos B$의 값은? [4점]

① $\dfrac{19}{28}$ ② $\dfrac{5}{7}$

③ $\dfrac{21}{28}$ ④ $\dfrac{11}{14}$

⑤ $\dfrac{23}{28}$

Solution 문제풀이

15 실수 p에 대하여 곡선 $y=x^3-x^2$과 직선 $y=px-1$의 교점의 x좌표 중 가장 작은 값을 m이라 하자. $m<a<b$인 모든 실수 a, b에 대하여
$$\int_a^b (x^3-x^2-px+1)\,dx>0$$
이 되도록 하는 m의 최솟값은? [4점]

① $-\dfrac{1}{2}$ 　　　② -1

③ $-\dfrac{3}{2}$ 　　　④ -2

⑤ $-\dfrac{5}{2}$

solution 문제풀이

16 자연수 n에 대하여 곡선
$$y=n\sin(n\pi x)\ (0\le x\le 1)$$
위의 점 중 y좌표가 자연수인 점의 개수를 a_n이라 할 때, $\sum\limits_{n=1}^{10} a_n$의 값은? [4점]

① 340 　　　② 350

③ 360 　　　④ 370

⑤ 380

solution 문제풀이

17 자연수 n에 대하여 함수

$$f(x)=|x^2-4|(x^2+n)$$

이 $x=a$에서 극값을 갖는 a의 개수가 4이상
일 때, $f(x)$의 모든 극값의 합이 최대가 되도
록 하는 n의 값은? [5점]

① 1   ② 2

③ 3   ④ 4

⑤ 5

solution 문제풀이

18 실수 $t(0<t<3)$에 대하여 삼차함수

$$f(x)=2x^3-(t+3)x^2+2tx$$

가 $x=a$에서 극댓값을 가질 때, 세 점 $(0, 0)$, $(a, 0)$, $(a, f(a))$를 꼭짓점으로 하는 삼각형의 넓이를 $g(t)$라 하자.

$\lim\limits_{t \to 0}\dfrac{1}{g(t)}\displaystyle\int_0^a f(x)dx$의 값은? [5점]

① 1   ② $\dfrac{13}{12}$

③ $\dfrac{7}{6}$ ④ $\dfrac{5}{4}$

⑤ $\dfrac{4}{3}$

solution 문제풀이

19 두 함수 $f(x)$와 $g(x)$가

$$f(x)=\begin{cases} \cos x & (\cos x \geq \sin x) \\ \sin x & (\cos x < \sin x) \end{cases},$$

$$g(x)=\cos ax \ (a>0\text{인 상수})$$

이다.

닫힌구간 $\left[0, \dfrac{\pi}{4}\right]$에서 두 곡선 $y=f(x)$와 $y=g(x)$의 교점의 개수가 3이 되도록 하는 a의 최솟값을 p라 하자.

닫힌구간 $\left[0, \dfrac{11}{12}\pi\right]$에서 두 곡선 $y=f(x)$와 $y=\cos px$의 교점의 개수를 q라 할 때, $p+q$의 값은? [5점]

① 16   ② 17

③ 18   ④ 19

⑤ 20

solution 문제풀이

2022 기출문제

20 최고차항의 계수가 1인 두 이차다항식 $P(x)$, $Q(x)$에 대하여 두 함수 $f(x)=(x+4)P(x)$, $g(x)=(x-4)Q(x)$가 다음 조건을 만족시킨다.

> (가) $f'(-4)\neq 0$, $f(4)\neq 0$, $g(-4)\neq 0$
> (나) 방정식 $f(x)g(x)=0$의 서로 다른 모든 해를 크기순으로 나열한 -4, a_1, a_2, a_3, 4는 등차수열을 이룬다.
> (다) $f'(a_i)=0$인 $i\in\{1, 2, 3\}$은 하나만 존재하고 모든 $i\in\{1, 2, 3\}$에 대하여 $g'(a_i)\neq 0$이다.

두 곡선 $y=f(x)$와 $y=g(x)$가 서로 다른 두 점에서 만날 때, 두 교점의 x좌표의 합은? [5점]

① $-\dfrac{1}{2}$ ② $-\dfrac{1}{4}$

③ 0   ④ $\dfrac{1}{4}$

⑤ $\dfrac{1}{2}$

solution 문제풀이

55

[21~25] 각 문항의 답을 답안지에 기재하시오.

21 방정식 $\log_a(x+4)+\log_{\frac{1}{2}}(x-4)=1$을 만족시키는 실수 x의 값을 구하시오. [3점]

Solution 문제풀이

22 이차방정식 $x^2-x-1=0$의 두 근을 α, β라 하자. 수열 $\{a_n\}$이 모든 자연수 n에 대하여

$$a_n=\frac{1}{2}(\alpha^n+\beta^n)$$

을 만족시킬 때, $\displaystyle\sum_{k=1}^{3}a_{3k}$의 값을 구하시오. [4점]

Solution 문제풀이

23 최고차항의 계수가 1인 이차함수 $f(x)$에 대하여 함수 $g(x)$는

$$g(x) = \int_{-1}^{x} f(t)\,dt$$

이다. $\displaystyle\lim_{x \to 1} \frac{g(x)}{x-1} = 2$일 때, $f(4)$의 값을 구하시오. [4점]

solution 문제풀이

24 좌표평면 위에 원점을 중심으로 하고 반지름의 길이가 1인 원 C와 두 점 A(3, 3), B(0, -1)이 있다. 실수 $t\,(0 < t \le 4)$에 대하여 $f(t)$를 집합 {X | X는 원 C 위의 점이고, 삼각형 ABX의 넓이는 t}의 원소의 개수라 하자. 함수 $f(t)$가 연속하지 않은 모든 t의 값의 합을 구하시오. [4점]

solution 문제풀이

25 두 집합 X, Y를

$X = \{\{a_n\} \mid \{a_n\}$은 모든 항이 자연수인

수열이고, $\log a_n + \log a_{n+1} = 2n\}$,

$Y = \{a_4 \mid \{a_n\} \in X\}$

라 하자. 집합 Y의 모든 원소의 합이 $p \times 100$ 일 때, p의 값을 구하시오. [5점]

Solution 문제풀이

2025

경찰대학
10개년 수학

2021 학년도 기출문제

수학영역

[01~20] 각 문항의 답을 하나만 고르시오.

01 $\log_3(\log_{27}x)=\log_{a}{}_7(\log_3x)$가 성립할 때, $(\log_3x)^2$의 값은? [3점]

① $\dfrac{1}{9}$ 　　② $\dfrac{1}{27}$

③ 3 　　④ 9

⑤ 27

Solution 문제풀이

02 $x=\dfrac{1+\sqrt{2}+\sqrt{3}}{1-\sqrt{2}+\sqrt{3}}$일 때, $x(x-\sqrt{2})(x-\sqrt{3})$의 값은? [3점]

① $2\sqrt{2}+3\sqrt{3}$ 　　② $3\sqrt{2}+2\sqrt{3}$

③ $2(\sqrt{2}+\sqrt{3})$ 　　④ $3\sqrt{2}+\sqrt{6}$

⑤ $\sqrt{6}+2\sqrt{3}$

Solution 문제풀이

03 어느 대학에서 신입생 50명을 모집하는데 5000명이 지원하였다. 지원자 5000명의 입학 시험점수는 평균이 63.7점이고 표준편차가 10점인 정규분포를 따르며, 94.6점 이상인 학생들을 대상으로 장학금을 지급한다고 한다. 아래 표준정규분포표를 이용하여 구한 이 대학에 입학하기 위한 최저 점수를 a라 하고, 장학금을 받는 학생 수를 b라 할 때, $a+b$의 값은? [3점]

z	$P(0 \leq Z \leq z)$
1.96	0.475
2.33	0.490
2.75	0.497
3.09	0.499

① 92 　　　　　② 94

③ 96 　　　　　④ 98

⑤ 100

solution 문제풀이

04 $\lim\limits_{x \to 2} \dfrac{f(x)}{x-2} = 4$, $\lim\limits_{x \to 4} \dfrac{f(x)}{x-4} = 2$를 만족시키는 다항함수 $f(x)$에 대하여 방정식 $f(x)=0$이 구간 $[2, 4]$에서 적어도 m개의 서로 다른 실근을 갖는다. m의 값은? [3점]

① 1 　　　　　② 2

③ 3 　　　　　④ 4

⑤ 5

solution 문제풀이

05 곡선 $y=x^2-1$ 위의 점 (t, t^2-1)에서의 접선을 l이라 하자. 곡선 $y=x^2-1$과 직선 l 및 두 직선 $x=0$, $x=1$로 둘러싸인 도형의 넓이의 최솟값은? (단, $0<t<1$) [4점]

① $\dfrac{1}{21}$　　　② $\dfrac{1}{18}$

③ $\dfrac{1}{15}$　　　④ $\dfrac{1}{12}$

⑤ $\dfrac{1}{9}$

Solution 문제풀이

06 어느 대학은 방문자가 있을 때 코로나19 발열 검사를 실시하고 그 결과가 정상이면 그날 지정된 색의 종이 밴드를 손목에 채워 들여보낸다. 종이 밴드는 빨간색 밴드, 주황색 밴드, 노란색 밴드, 초록색 밴드, 파란색 밴드가 있고, 그날 사용할 밴드는 전날 사용한 밴드의 색과 다른 한 색을 임의로 선택하여 그 색의 밴드를 사용한다. 첫날 파란색 밴드를 사용하였을 때, 다섯째 날 파란색 밴드를 사용할 확률은? (단, 각각의 밴드의 개수는 충분히 많다.) [4점]

① $\dfrac{13}{64}$　　　② $\dfrac{17}{64}$

③ $\dfrac{21}{64}$　　　④ $\dfrac{25}{64}$

⑤ $\dfrac{29}{64}$

Solution 문제풀이

07 모든 항이 양수이고 공비가 서로 같은 두 등비수열 $\{a_n\}$, $\{b_n\}$이 모든 자연수 n에 대하여

$$a_n b_n = \frac{(a_{n+1})^2 + 4(b_{n+1})^2}{5}$$

를 만족시킬 때, 공비의 최댓값은? [4점]

① $\dfrac{5\sqrt{5}}{2}$ ② $\dfrac{5}{2}$

③ $\dfrac{\sqrt{5}}{2}$ ④ $\sqrt{5}$

⑤ 1

<u>solution</u> 문제풀이

08 모든 자리의 수의 합이 10인 다섯 자리 자연수 중 숫자 1, 2, 3을 각각 한 번 이상 사용하는 자연수의 개수는? [4점]

① 120   ② 132

③ 146   ④ 158

⑤ 170

<u>solution</u> 문제풀이

09 $a_1 = 1$인 수열 $\{a_n\}$이 모든 자연수 n에 대하여

$$(4 - a_{n+1})(2 + a_n) = 8$$

을 만족시킬 때, $\sum_{k=1}^{9} \dfrac{8}{a_k}$의 정수 부분은? [4점]

① 43   ② 44

③ 45   ④ 46

⑤ 47

Solution 문제풀이

10 n쌍의 부부로 구성된 어느 모임의 모든 사람에게 1, 2, 3 중의 한 숫자가 적힌 카드를 한 장씩 임의로 나누어준 후, 카드를 받은 사람들이 1, 2, 3 중의 한 숫자를 임의로 적도록 한다. 남편이 적은 수가 아내가 받은 카드에 적힌 수와 일치하고, 아내가 적은 수가 남편이 받은 카드에 적힌 수와 일치하는 부부에게만 상품을 주기로 한다. 상품을 받는 부부가 2쌍 이하일 확률이 $\dfrac{57}{32}\left(\dfrac{8}{9}\right)^n$일 때, 자연수 n의 값은? [4점]

① 4   ② 5

③ 6   ④ 7

⑤ 8

Solution 문제풀이

11 함수 $g(x)$와 수열 $\{a_n\}$이 음이 아닌 모든 정수 k와 모든 자연수 m에 대하여

$$a_1 = 1, \ a_2 = 3,$$
$$a_{2k+1} + 2a_m = g(m+k)$$

를 만족시킬 때, $\sum_{k=1}^{10} g(k)$의 값은? [4점]

① 170 ② 180

③ 190 ④ 200

⑤ 210

Solution 문제풀이

-----

12 $a > 1$인 실수 a에 대하여 함수 $f(x) = a^{2x} + 4a^x - 2$가 구간 $[-1, 1]$에서 최댓값 10을 갖는다. 구간 $[-1, 1]$에서 함수 $f(x)$의 최솟값은? [4점]

① $\dfrac{1}{4}$ ② $-\dfrac{1}{4}$

③ $\dfrac{1}{2}$ ④ $-\dfrac{1}{2}$

⑤ 1

Solution 문제풀이

2021 기출문제

65

13 곡선 $y = x^3 + 1$ 위의 점 $(1, 2)$에서의 접선을 l이라 하자. 중심이 y축 위에 있는 원이 점 $(1, 2)$에서 직선 l에 접할 때, 이 원의 넓이는? [4점]

① $\dfrac{5}{9}\pi$ ② $\dfrac{8}{9}\pi$

③ π ④ $\dfrac{10}{9}\pi$

⑤ $\dfrac{13}{9}\pi$

Solution 문제풀이

14 $(x - y + 1)^{n+2}$의 전개식에서 $x^n y^2$의 계수를 $f(n)$이라 할 때,

$$\dfrac{1}{f(1)} + \dfrac{1}{f(2)} + \dfrac{1}{f(3)} + \cdots + \dfrac{1}{f(2020)} = \dfrac{a}{b}$$

이다. $a + b$의 값은? (단, a, b는 서로소인 자연수이다.) [4점]

① 2019   ② 2020

③ 2021   ④ 2022

⑤ 2023

Solution 문제풀이

15 함수 $y=2^x-\sqrt{2}$의 그래프 위의 점 P를 지나고 기울기가 -1인 직선이 x축과 만나는 점을 Q라 하자. 자연수 n에 대하여 $\overline{\mathrm{PQ}}=n$일 때, 점 P의 x좌표를 a_n이라 하자. $\displaystyle\sum_{n=1}^{6}a_n$의 정수 부분은? (단, 점 P는 제1사분면에 있다.) [4점]

① 10 ② 11

③ 12 ④ 13

⑤ 14

solution 문제풀이

16 점 $\mathrm{A}(1,\,0)$과 곡선 $y=2-x^2$ 위의 점 P에 대하여 선분 AP의 길이를 k라 하자. k^2의 최솟값은? [4점]

① $\dfrac{5-3\sqrt{3}}{2}$ ② $\dfrac{6+\sqrt{3}}{2}$

③ $\dfrac{11-6\sqrt{3}}{4}$ ④ $\dfrac{5+3\sqrt{3}}{4}$

⑤ $\dfrac{12-5\sqrt{3}}{4}$

solution 문제풀이

17 $n \geq 2$인 자연수 n에 대하여 직선 $x = n$이 함수 $y = \log_{\frac{1}{2}}(2x - m)$의 그래프와 한 점에서 만나고, 직선 $y = n$이 함수 $y = |2^{-x} - m|$의 그래프와 두 점에서 만나도록 하는 모든 자연수 m의 값의 합을 a_n이라 하자. $\sum_{n=5}^{10} \frac{1}{a_n}$의 값은? [5점]

① $\dfrac{1}{10}$ ② $\dfrac{1}{20}$

③ $\dfrac{1}{30}$ ④ $\dfrac{1}{40}$

⑤ $\dfrac{1}{50}$

solution 문제풀이

18 두 함수
$$f(x) = x^4(x - a), \quad g(x) = k(x - 1)(x - b)$$
의 그래프가 직선 $y = x - 1$에 접한다. 함수 $f(x)$의 그래프와 x축으로 둘러싸인 부분의 넓이가 함수 $g(x)$의 그래프와 x축으로 둘러싸인 부분의 넓이와 같을 때, 세 상수 a, b, k에 대하여 abk의 값은? (단, $b > 1$) [5점]

① $-2 - \sqrt{5}$ ② $-1 - \sqrt{5}$

③ $-\sqrt{5}$ ④ $1 - \sqrt{5}$

⑤ $2 - \sqrt{5}$

solution 문제풀이

19 최고차항의 계수가 1인 삼차함수 $f(x)$의 도함수 $f'(x)$는 $x=-1$에서 최솟값을 갖는다. 방정식

$$|f(x)-f(-3)|=k$$

가 서로 다른 네 실근을 갖도록 하는 실수 k의 값의 범위는 $0<k<m$이다. 실수 m의 최댓값은? [5점]

① 8   ② 16

③ 24   ④ 32

⑤ 40

solution 문제풀이

20 $\overline{AB}=5$, $\overline{BC}=7$, $\overline{AC}=6$인 삼각형 ABC가 있다. 두 선분 AB, AC 위에 삼각형 ADE의 외접원이 선분 BC에 접하도록 점 D, E를 각각 잡을 때, 선분 DE의 길이의 최솟값은? [5점]

① $\dfrac{64}{15}$ ② $\dfrac{81}{20}$

③ 4   ④ $\dfrac{121}{30}$

⑤ $\dfrac{144}{35}$

solution 문제풀이

[21~25] 각 문항의 답을 답안지에 기재하시오.

21 자연수 n에 대하여 $0 \leq x \leq 2\pi$에서 방정식 $|\sin nx| = \dfrac{2}{3}$의 서로 다른 실근의 개수를 a_n, 서로 다른 모든 실근의 합을 b_n이라 할 때, $a_5 b_6 = k\pi$이다. 자연수 k의 값을 구하시오. [3점]

┌ **Solution** 문제풀이 ─────────────
│
│
│
│
│
│
│
│
│
└─────────────────────────

22 두 함수 $f(x) = -x^2 + 4x$, $g(x) = 2x - a$에 대하여 함수
$$h(x) = \dfrac{1}{2}\{f(x) + g(x) + |f(x) - g(x)|\}$$
가 극솟값 3을 가질 때, $\displaystyle\int_0^4 h(x)\,dx$의 값을 구하시오. (단, a는 상수이다.) [4점]

┌ **Solution** 문제풀이 ─────────────
│
│
│
│
│
│
│
│
│
└─────────────────────────

23 $\log_a b = \dfrac{3}{2}$, $\log_c d = \dfrac{3}{4}$을 만족시키는 자연수 a, b, c, d에 대하여 $a-c=19$일 때, $b-d$의 값을 구하시오. [4점]

Solution 문제풀이

24 다음 조건을 만족시키는 자연수 a, b, c, d, e의 모든 순서쌍 (a, b, c, d, e)의 개수를 구하시오. [4점]

> (가) $ab(c+d+e)=12$
> (나) a, b, c, d, e 중에서 적어도 2개는 짝수이다.

Solution 문제풀이

25 좌표평면 위에 5개의 점 $P_1(-2, 1)$, $P_2(-1, 2)$, $P_3(0, 3)$, $P_4(1, 2)$, $P_5(2, 4)$ 가 있다. 점 $P_i(i=1, 2, 3, 4, 5)$의 x좌표를 x_i, y좌표를 y_i라 할 때, $\displaystyle\sum_{i=1}^{5}(ax_i+b-y_i)^2$ 의 값이 최소가 되도록 하는 두 실수 a, b에 대하여 $a+b$의 값을 구하시오. [5점]

solution 문제풀이

2025
경찰대학

10개년 수학

제3교시 수학영역

▶정답 및 해설 197p

[01~20] 각 문항의 답을 하나만 고르시오.

01 실수 x에 대하여 $2^{3x}=9$일 때, $3^{\frac{2}{x}}$의 값은?

[3점]

① 4   ② 8

③ 16   ④ 32

⑤ 64

solution 문제풀이

02 $x>1$일 때, $\log_x 1000 + \log_{100} x^4$이 $x=a$에서 최솟값 m을 갖는다. $\log_{10} a^m$의 값은?

[3점]

① 6   ② 7

③ 8   ④ 9

⑤ 10

solution 문제풀이

03 실수 x에 대하여

$$f(x) = \lim_{n \to \infty} \frac{x^{2n+1} - 2x^{2n} + 1}{x^{2n+2} + x^{2n} + 1}$$일 때,

$\displaystyle\lim_{x \to -1-} f(x) = a$, $\displaystyle\lim_{x \to 1-} f(x) = b$라 하자.

$\dfrac{b}{a+2}$의 값은? [3점]

① $-\dfrac{1}{4}$ ② $-\dfrac{1}{2}$

③ $\dfrac{1}{2}$ ④ 2

⑤ 4

solution 문제풀이

04 $\displaystyle\sum_{k=308}^{400} {}_{400}C_k \left(\frac{4}{5}\right)^k \left(\frac{1}{5}\right)^{400-k}$의 값을 아래 표준

정규분포표를 이용하여 구한 것은? [3점]

z	$P(0 \leq Z \leq z)$
0.5	0.1915
1.0	0.3413
1.5	0.4332
2.0	0.4772

① 0.6826   ② 0.7745

③ 0.8664   ④ 0.9332

⑤ 0.9772

solution 문제풀이

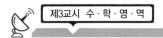

05 자연수 k에 대하여 $a_k = \lim\limits_{n \to \infty} \dfrac{5^{n+1}}{5^n k + 4k^{n+1}}$

이라 할 때, $\sum\limits_{k=1}^{10} k a_k$의 값은? [4점]

① 16   ② 20

③ 21   ④ 25

⑤ 50

| Solution 문제풀이 |

06 집합 $A = \{1, 2, 3, 4, 5\}$에서 A로의 함수 중에서 $f(1) - 1 = f(2) - 2 = f(3) - 3$을 만족하는 함수 f의 개수는? [4점]

① 25   ② 50

③ 75   ④ 100

⑤ 125

| Solution 문제풀이 |

07 실수 t에 대하여 $f(x)=x+t$라 할 때, 직선 $y=f(x)$가 곡선 $y=|x^2-4|$와 만나는 점의 개수를 $g(t)$라 하자. 함수 $g(x)$의 그래프와 직선 $y=\dfrac{x}{2}+2$가 만나는 점의 개수는? [4점]

① 1
② 2
③ 3
④ 4
⑤ 5

solution 문제풀이

08 전체집합 $U=\{1, 2, 3, 4, 5\}$의 두 부분집합 A, B에 대하여 $A-B=\{1\}$을 만족하는 모든 순서쌍 (A, B)의 개수는? [4점]

① 81
② 87
③ 93
④ 99
⑤ 105

solution 문제풀이

09 다항함수 $f(x)$가 모든 실수 x에 대하여

$$\int_0^x (x-t)^2 f'(t)dt = \frac{3}{4}x^4 - 2x^3$$

을 만족한다. $f(0)=1$일 때, $\int_0^1 f(x)dx$의

값은? [4점]

① 1

② 2

③ 3

④ $-\frac{1}{2}$

⑤ $-\frac{1}{3}$

10 네 정수 a, b, c, d에 대하여

$a^2 + b^2 + c^2 + d^2 = 17$을 만족하는 $a, b, c,$

d의 모든 순서쌍 (a, b, c, d)의 개수는?

[4점]

① 124

② 144

③ 164

④ 184

⑤ 204

11 삼차함수 $P(x)=ax^3+bx^2+cx+d$가 $0\le x\le 1$인 모든 실수 x에 대하여 $|P'(x)|\le 1$을 만족할 때, a의 최댓값은?(단, a, b, c, d는 실수이다.) [4점]

① $\dfrac{4}{3}$ 　　　　② $\dfrac{5}{3}$

③ 2 　　　　④ $\dfrac{7}{3}$

⑤ $\dfrac{8}{3}$

Solution 문제풀이

12 두 실수 a, b와 최고차항의 계수가 1인 삼차함수 $f(x)$에 대하여 함수 $g(x)$를

$$g(x)=\begin{cases} a & (x<-1) \\ |f(x)| & (-1\le x\le 5) \\ b & (x>5) \end{cases}$$

라 하자. $g(x)$가 $x=-1$, $x=5$에서 미분가능할 때, 〈보기〉에서 옳은 것만을 있는 대로 고른 것은? [4점]

〈보기〉

ㄱ. $f(x)$는 $x=-1$에서 극댓값을 갖는다.

ㄴ. $f(9)=0$이면 $a>b$이다.

ㄷ. $a=b$이면 $f(0)=46$이다.

① ㄱ 　　　　② ㄴ

③ ㄱ, ㄷ 　　　　④ ㄴ, ㄷ

⑤ ㄱ, ㄴ, ㄷ

Solution 문제풀이

13 한 개의 주사위를 세 번 던질 때, 나온 눈의 수를 차례로 a, b, c라 하고, 함수 $f(x)$를

$$f(x)=(a-3)(x^2+2bx+c)$$

로 정의한다. 함수 $g(x)=\begin{cases}1\,(x>0)\\0\,(x\leq0)\end{cases}$에 대하여 합성함수 $(g\circ f)(x)$가 실수 전체의 집합에서 연속일 확률은? [4점]

① $\dfrac{17}{72}$ ② $\dfrac{7}{24}$

③ $\dfrac{25}{72}$ ④ $\dfrac{29}{72}$

⑤ $\dfrac{11}{24}$

Solution 문제풀이

14 최고차항의 계수가 1인 삼차함수 $f(x)$와 양수 a가 다음 조건을 만족할 때, a의 값은? [4점]

(가) 모든 실수 t에 대하여 $\displaystyle\int_{a-t}^{a+t}f(x)dx=0$ 이다.

(나) $f(a)=f(0)$

(다) $\displaystyle\int_{0}^{a}f(x)dx=144$

① $2\sqrt{6}$ ② $3\sqrt{6}$

③ $4\sqrt{6}$ ④ $5\sqrt{6}$

⑤ $6\sqrt{6}$

Solution 문제풀이

15 두 곡선 $y = x^3 + 4x^2 - 6x + 5$, $y = x^3 + 5x^2 - 9x + 6$이 만나는 점의 x좌표를 α, β $(\alpha < \beta)$라 할 때, 곡선 $y = 6x^5 + 4x^3 + 1$과 두 직선 $x = \alpha$, $x = \beta$와 x축으로 둘러싸인 부분의 넓이는 a이다. 자연수 $a\sqrt{5}$의 값은? [4점]

① 160   ② 162

③ 164   ④ 166

⑤ 168

Solution 문제풀이

16 사차함수
$$f(x) = k(x-1)(x-a)(x-a+1)(x-a+2) \quad (k > 0)$$
이 다음 조건을 만족시킨다.

> (가) 사차방정식 $f(x) = 0$은 서로 다른 세 실근을 갖는다.
> (나) 함수 $f(x)$의 두 극솟값의 곱은 25이다.

두 상수 a, k에 대하여 ak의 값은? [4점]

① 30   ② 40

③ 45   ④ 50

⑤ 60

Solution 문제풀이

17 임의의 두 실수 x, y에 대하여
$f(x-y)=f(x)-f(y)+3xy(x-y)$
를 만족시키는 다항함수 $f(x)$가 $x=2$에서
극댓값 a를 가진다. $f'(0)=b$일 때, $a-b$
의 값은? [5점]

① 2   ② 4

③ 6   ④ 8

⑤ 10

Solution 문제풀이

18 1부터 12까지의 모든 자연수를 임의로 나열
하여 a_1, a_2, a_3, $\cdots$, a_{12}라 할 때,
$|a_1-a_2|+|a_2-a_3|+|a_3-a_4|+\cdots+$
$|a_{11}-a_{12}|$의 최댓값은? [5점]

① 67   ② 68

③ 69   ④ 70

⑤ 71

Solution 문제풀이

19 두 실수 x, y가

$$\log_a(x+\sqrt{2}y)+\log_a(x-\sqrt{2}y)=2$$

를 만족할 때, $|x|-|y|$의 최솟값은? [5점]

① $\dfrac{\sqrt{2}}{4}$ ② $\dfrac{1}{2}$

③ $\dfrac{\sqrt{2}}{2}$ ④ 1

⑤ $\sqrt{2}$

Solution 문제풀이

20 두 양수 a, b가

$$\frac{1}{a}+\frac{1}{b}\le 4,\ (a-b)^2=16(ab)^3$$

을 만족할 때, $a+b$의 값은? [5점]

① 1 ② $\sqrt{2}$

③ 2 ④ $2\sqrt{2}$

⑤ 4

Solution 문제풀이

[21~25] 각 문항의 답을 답안지에 기재하시오.

21
삼차방정식 $x^3+ax-1=0\,(a>0)$의 실근을 r이라 하자. $\sum_{n=1}^{\infty} r^{3n-2}=\dfrac{1}{2}$일 때, 양수 a의 값을 구하시오. [3점]

> **solution** 문제풀이

22
상자 A에 검은 공 2개와 흰 공 2개가 들어 있고, 상자 B에 검은 공 1개와 흰 공 3개가 들어 있다. 두 상자 A, B 중 임의로 선택한 하나의 상자에서 공을 1개 꺼냈더니 검은 공이 나왔을 때, 그 상자에 남은 공이 모두 흰 공일 확률을 $\dfrac{q}{p}$라 하자. $p+q$의 값을 구하시오. (단, 모든 공의 크기와 모양은 같고, p와 q는 서로소인 자연수이다.) [4점]

> **solution** 문제풀이

23 자연수 n에 대하여 $\left| n - \sqrt{m - \dfrac{1}{2}} \right| < 1$을 만족하는 자연수 m의 개수를 a_n이라 하자. $\dfrac{1}{100}\sum\limits_{n=1}^{100} a_n$의 값을 구하시오. [4점]

Solution 문제풀이

24 자연수 n에 대하여 $S_n = \sum\limits_{k=1}^{n} \dfrac{1}{\sqrt{2k+1}}$이라 할 때, S_{180}의 정수 부분을 구하시오. [4점]

Solution 문제풀이

25 함수 $f(x)$를

$$f(x) = \begin{cases} \dfrac{[x]^2 + x}{[x]} & (1 \leq x < 3) \\ \dfrac{7}{2} & (x \geq 3) \end{cases}$$

이라 하자. 함수 $f(x)$와 $a \geq 3$인 실수 a에 대하여

$g(a) =$

$$\lim_{n \to \infty} \frac{f(a) + f\left(a - \dfrac{2}{n}\right) + f\left(a - \dfrac{4}{n}\right) + \cdots + f\left(a - \dfrac{2(n-1)}{n}\right)}{n}$$

이라 할 때, $8 \times g(3)$의 값을 구하시오. (단, $[x]$는 x보다 크지 않은 최대 정수이다.)

[5점]

- Solution 문제풀이 -----------------------------

2025

경찰대학

10개년 수학

2019학년도 기출문제

수학영역

▶정답 및 해설 203p

[01~20] 각 문항의 답을 하나만 고르시오.

01 등차수열 $\{a_n\}$에 대하여
$a_1+a_3=10$, $a_6+a_8=40$일 때,
$a_{10}+a_{12}+a_{14}+a_{16}$의 값은? [3점]

① 149　　　　② 152

③ 155　　　　④ 158

⑤ 161

solution 문제풀이

02 세 정수 a, b, c에 대하여
$1 \leq a \leq |b| \leq |c| \leq 7$을 만족시키는 모든
순서쌍 (a, b, c)의 개수는? [3점]

① 300　　　　② 312

③ 324　　　　④ 336

⑤ 348

solution 문제풀이

03 명제 '$x^2 - x - 6 \leq 0$인 어떤 실수 x에 대하여 $x^2 - 2x + k \leq 0$이다.'가 거짓일 때, 정수 k의 최솟값은? [3점]

① -2 ② -1

③ 0 ④ 1

⑤ 2

Solution 문제풀이

04 양의 실수 x, y가 $\dfrac{x^2}{4} + \dfrac{y^2}{9} = 1$을 만족시킬 때, $(3x + 2y)^2$의 최댓값은? [3점]

① 36 ② 48

③ 60 ④ 72

⑤ 84

Solution 문제풀이

05 전체집합 $U=\{1,\ 2,\ 3,\ 4,\ 5\}$의 두 부분 집합 A, B에 대하여 $A=\{1,\ 2,\ 3\}$일 때, $n(A\cap B)\leq 2$를 만족시키는 집합 B의 개수는? [4점]

① 22 　　　　② 24

③ 26 　　　　④ 28

⑤ 30

solution 문제풀이

06 세 양수 a, b, c에 대하여

$$\begin{cases} \log_{ab}3+\log_{bc}9=4 \\ \log_{bc}3+\log_{ca}9=5 \\ \log_{ca}3+\log_{ab}9=6 \end{cases}$$

이 성립할 때, abc의 값은? [4점]

① 1 　　　　② $\sqrt{3}$

③ 3 　　　　④ $3\sqrt{3}$

⑤ 9

solution 문제풀이

07 이차함수 $f(x)=x^2-4x+7$의 그래프 위의 두 점 $A(1, 4)$, $B(6, 19)$가 있다. 직선 AB와 평행하고 포물선 $y=f(x)$에 접하는 직선이 두 직선 $x=1$, $x=6$과 만나는 점을 각각 D, C라 할 때, 평행사변형 ABCD의 넓이는? [4점]

① 30   ② $\dfrac{125}{4}$

③ $\dfrac{65}{2}$ ④ $\dfrac{135}{4}$

⑤ 35

solution 문제풀이

08 주머니 A에는 1, 2, 3, 4의 숫자가 각각 하나씩 적힌 4장의 카드가 들어있고 주머니 B에는 1, 2, 3, 4, 5의 숫자가 각각 하나씩 적힌 5개의 공이 들어있다. 주머니 A에서 임의로 한 장의 카드를 꺼내고 주머니 B에서 임의로 하나의 공을 꺼낼 때 나오는 두 자연수 중 작지 않은 수를 확률변수 X라 하자. 이때, $E(X)$의 값은? [4점]

① $\dfrac{13}{4}$ ② $\dfrac{7}{2}$

③ $\dfrac{15}{4}$ ④ 4

⑤ $\dfrac{17}{4}$

solution 문제풀이

09 함수 $f(x)=(x-1)^3+(x-1)$의 역함수를 $g(x)$라 할 때, $\displaystyle\int_2^{10}g(x)dx$의 값은?

[4점]

① $\dfrac{51}{4}$ ② $\dfrac{59}{4}$

③ $\dfrac{67}{4}$ ④ $\dfrac{75}{4}$

⑤ $\dfrac{83}{4}$

Solution 문제풀이

10 곡선 $y=x^2-8x+17$ 위의 점 $\mathrm{P}(t,\ t^2-8t+17)$에서의 접선이 y축과 만나는 점을 Q, 점 P를 지나고 x축에 평행한 직선이 y축과 만나는 점을 R라 하고 삼각형 PQR의 넓이를 $S(t)$이라 하자. $1\le t\le 3$일 때, $S(t)$가 최대가 되는 t의 값은? [4점]

① $\dfrac{4}{3}$ ② $\dfrac{5}{3}$

③ 2 ④ $\dfrac{7}{3}$

⑤ $\dfrac{8}{3}$

Solution 문제풀이

11 백인 80%, 흑인 10%, 동양인 10%의 세 인종의 주민으로 구성된 지역에서 범죄 사건이 일어났다. 목격자는 '범인은 동양인'이라고 진술하였지만 가까이서 정확히 범인의 얼굴을 본 것은 아니고 CCTV도 없었다. 어두워지기 시작하는 저녁 무렵에 벌어진 사건임을 감안하여 수사관은 목격자 진술의 신빙성을 알아볼 필요가 있다고 판단하여 비슷한 조건에서 많은 테스트를 해 보았다. 그 결과 목격자가 인종을 옳게 판단할 확률은 모든 인종에 대해 동일하게 0.9였고, 인종을 잘못 판단하는 경우에는 백인을 동양인으로, 흑인을 동양인으로 판단하였다고 한다. 목격자가 동양인이라고 진술한 범인이 실제로 동양인일 확률은? [4점]

① $\dfrac{1}{2}$ ② $\dfrac{2}{3}$

③ $\dfrac{3}{4}$ ④ $\dfrac{4}{5}$

⑤ $\dfrac{5}{6}$

Solution 문제풀이

12 함수 $f(x) = \dfrac{ax+b}{x+c}\,(b-ac \neq 0,\ c < 0)$ 의 그래프와 직선 $y = x+1$의 두 교점이 P(0, 1), Q(3, 4)이다. 두 점 P, Q와 곡선 $y = f(x)$ 위의 다른 두 점 R, S를 꼭짓점으로 하는 직사각형 PQRS의 넓이가 30일 때, $f(-2)$의 값은? [4점]

① $\dfrac{1}{6}$ ② $\dfrac{1}{3}$

③ $\dfrac{1}{2}$ ④ $\dfrac{2}{3}$

⑤ $\dfrac{5}{6}$

Solution 문제풀이

13 자연수 p에 대하여 수열 $\{a_n\}$의 일반항이 $a_n = \dfrac{(n!)^4}{(pn)!}$이다. $\lim\limits_{n \to \infty}\dfrac{a_n}{a_{n+1}} = \alpha\,(\alpha$는 0이 아닌 상수)일 때, $\log_a \alpha$의 값은? [4점]

① 0 ② 2

③ 4 ④ 6

⑤ 8

Solution 문제풀이

14 원 위에 일정한 간격으로 8개의 점이 놓여있다. 이 중 세 개의 점을 연결하여 삼각형을 만들 때, 이 삼각형이 둔각삼각형일 확률은? [4점]

① $\dfrac{2}{7}$ ② $\dfrac{5}{14}$

③ $\dfrac{3}{7}$ ④ $\dfrac{1}{2}$

⑤ $\dfrac{4}{7}$

Solution 문제풀이

15 1부터 9까지의 자연수가 각각 하나씩 적힌 9개의 공이 들어 있는 주머니가 있다. 이 주머니에서 임의로 4개의 공을 동시에 꺼낼 때, 꺼낸 공에 적혀 있는 수 a, b, c, d가 다음 조건을 만족시킬 확률은? [4점]

> (가) $a+b+c+d$는 홀수이다.
> (나) $a \times b \times c \times d$는 15의 배수이다.

① $\dfrac{4}{21}$ ② $\dfrac{3}{14}$

③ $\dfrac{5}{21}$ ④ $\dfrac{11}{42}$

⑤ $\dfrac{2}{7}$

solution 문제풀이

16 양의 실수 t에 대하여 한 변의 길이가 1인 정사각형 ABCD 위의 점 P_0, P_1, P_2, P_3, $\cdots$은 다음과 같은 규칙을 따라 정해진다.

(규칙1) $P_0 = A$

(규칙2) 자연수 n에 대해 점 P_{n-1}에서 점 P_n까지 정사각형 ABCD의 변을 반시계방향으로 따라 가는 경로의 길이는 t^{n-1}이다.

다음을 만족시키는 실수 k의 최솟값은? [4점]

> $k < t < \dfrac{39}{40}$인 t에 의해 정해지는 점 P_0, P_1, P_2, P_3, $\cdots$ 중에서 무수히 많은 점들이 변 DA 위에 있다.

① $\dfrac{30}{31}$ ② $\dfrac{32}{33}$

③ $\dfrac{34}{35}$ ④ $\dfrac{36}{37}$

⑤ $\dfrac{38}{39}$

solution 문제풀이

2019 기출문제

17 곡선 $y=x^3+1$에 대하여 곡선 밖의 점 (a, b)에서 곡선에 그은 접선의 개수가 3일 때, 점 (a, b)가 나타내는 영역의 넓이는? (단, $0\leq a\leq 1$) [5점]

① $\dfrac{1}{4}$ ② $\dfrac{1}{3}$

③ $\dfrac{1}{2}$ ④ $\dfrac{2}{3}$

⑤ $\dfrac{3}{4}$

Solution 문제풀이

18 함수 $f(x)=[4x]-[6x]+\left[\dfrac{x}{2}\right]-\left[\dfrac{x}{4}\right]$가 $x=a$에서 불연속이 되는 실수 $a(0<a<5)$의 개수는? (단, $[x]$는 x보다 크지 않은 최대의 정수이다.) [5점]

① 30   ② 31

③ 32   ④ 33

⑤ 34

Solution 문제풀이

19 함수

$$f(x) = \begin{cases} \lim_{n \to \infty} \dfrac{x(x^{2n} - x^{-2n})}{x^{2n} + x^{-2n}} & (x \neq 0) \\ 0 & (x = 0) \end{cases}$$

에 대하여 방정식 $f(x) = (x-k)^2$의 서로 다른 실근의 개수가 3인 실수 k의 범위는 $a < k < b$이다. 상수 a, b에 대하여 $a+b$의 값은? [5점]

① $\dfrac{1}{4}$ ② $\dfrac{1}{3}$

③ $\dfrac{1}{2}$ ④ $\dfrac{2}{3}$

⑤ $\dfrac{3}{4}$

Solution 문제풀이

20 집합 $X = \{1, 2, 3, 4, 5\}$에 대하여 X에서 X로의 함수 중에서 다음 조건을 만족시키는 함수 f의 개수는? [5점]

$$\{(f \circ f)(x) \mid x \in X\} \cup \{4, 5\} = X$$

① 402   ② 424

③ 438   ④ 456

⑤ 480

Solution 문제풀이

[21~25] 각 문항의 답을 답안지에 기재하시오.

21 $\lim_{n \to \infty} \dfrac{1}{n^3}\{(n+3)^2+(n+6)^2+\cdots+(n+3n)^2\}$ 의 값을 구하시오. [3점]

--- Solution 문제풀이 ----------------------------

22 각 항이 양수인 수열 $\{a_n\}$의 첫째항부터 제n항까지의 합을 S_n이라 할 때, $S_n+S_{n+1}=(a_{n+1})^2$이 성립한다. $a_1=10$일 때, a_{10}의 값을 구하시오. [4점]

--- Solution 문제풀이 ----------------------------

23 부등식 $10^{10} \le 2^x 5^y$을 만족시키는 양의 실수 x, y에 대하여 $x^2 + y^2$의 최솟값을 m이라 할 때, m의 정수부분을 구하시오. (단, $\log 2 = 0.3$, $\log 5 = 0.7$로 계산한다.) [4점]

Solution 문제풀이

24 다항함수 $g(x)$와 자연수 k에 대하여 함수 $f(x)$가 다음과 같다.

$$f(x) = \begin{cases} x+1 & (x \le 0) \\ g(x) & (0 < x < 2) \\ k(x-2)+1 & (x \ge 2) \end{cases}$$

함수 $f(x)$가 모든 실수 x에 대하여 미분가능하도록 하는 가장 낮은 차수의 다항함수 $g(x)$에 대하여 $\dfrac{1}{4} < g(1) < \dfrac{3}{4}$일 때, k의 값을 구하시오. [4점]

Solution 문제풀이

25 그림과 같이 인접한 교차로 사이의 거리가 모두 1인 바둑판 모양의 도로가 있다. A지점에서 B지점까지의 최단 경로 중에서 가로 또는 세로의 길이가 3 이상인 직선 구간을 포함하는 경로의 개수를 구하시오. [5점]

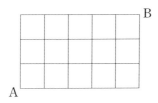

solution 문제풀이

2025

경찰대학
10개년 수학

제**3**교시 수학영역

[01~20] 각 문항의 답을 하나만 고르시오.

01 $\dfrac{1}{2\sqrt{1}+\sqrt{2}}+\dfrac{1}{3\sqrt{2}+2\sqrt{3}}+\cdots$

$+\dfrac{1}{121\sqrt{120}+120\sqrt{121}}$의 값은? [3점]

① $\dfrac{9}{10}$ ② $\dfrac{10}{11}$

③ $\dfrac{11}{10}$ ④ $\dfrac{12}{11}$

⑤ $\dfrac{6}{5}$

solution 문제풀이

02 $a^2+b^2=4$인 복소수 $z=a+bi$에 대하여 $\dfrac{i}{z-1}$가 양의 실수일 때, z^2의 값은? (단, a, b는 실수이다.) [3점]

① $-2+2\sqrt{3}i$ ② $2+2\sqrt{3}i$

③ $2-2\sqrt{3}i$ ④ $2\sqrt{3}+2i$

⑤ $2\sqrt{3}-2i$

solution 문제풀이

03 입학정원이 35명인 A학과는 올해 대학수학능력시험 4개 영역 표준점수의 총합을 기준으로 하여 성적순에 의하여 신입생을 선발한다. 올해 A학과에 지원한 수험생이 500명이고 이들의 성적은 평균 500점, 표준편차 30점인 정규분포를 따른다고 할 때, A학과에 합격하기 위한 최저점수를 아래 표준정규분포표를 이용하여 구한 것은? [3점]

z	$P(0 \leq Z \leq z)$
0.5	0.19
1.0	0.34
1.5	0.43
2.0	0.48
2.5	0.49

① 530   ② 535

③ 540   ④ 545

⑤ 550

Solution 문제풀이

04 직선 $y = \dfrac{1}{2}(x+1)$ 위의 두 점 $A(-1, 0)$과 $P\left(t, \dfrac{t+1}{2}\right)$이 있다. 점 P를 지나고 직선 $y = \dfrac{1}{2}(x+1)$에 수직인 직선이 y축과 만나는 점을 Q라 할 때, $\lim\limits_{t \to \infty} \dfrac{\overline{AQ}}{\overline{AP}}$의 값은? [3점]

① $\sqrt{3}$ ② 2

③ $\sqrt{5}$ ④ $\sqrt{6}$

⑤ $\sqrt{7}$

Solution 문제풀이

05 10 이하인 세 자연수 a, b, c에 대하여 $\lim\limits_{n \to \infty} \dfrac{c^n + b^n}{a^{2n} + b^{2n}} = 1$을 만족시키는 순서쌍 (a, b, c)의 개수는? [4점]

① 5　　　　　　② 7

③ 9　　　　　　④ 12

⑤ 15

06 양수 a, b가 $ab + a + 2b = 7$을 만족시킬 때, ab의 최댓값은? [4점]

① $6 - 2\sqrt{2}$　　　　② $8 - 2\sqrt{2}$

③ $9 - 4\sqrt{2}$　　　　④ $11 - 6\sqrt{2}$

⑤ $13 - 8\sqrt{2}$

07 다항식 $x^{10}+x^5+3$을 x^2+x+1, x^2-x+1, $(x^2+x+1)(x^2-x+1)$로 나눈 나머지를 각각 $r_1(x)$, $r_2(x)$, $r_3(x)$ 라 할 때, $r_1(x)r_2(x)r_3(x)$를 $x-1$로 나눈 나머지는? [4점]

① -4 ② -2

③ 2 ④ 4

⑤ 6

Solution 문제풀이

08 두 점 $O(0, 0)$, $A(3, 0)$에 대하여 점 P가 곡선 $y=2x^2$ 위를 움직일 때, $\overline{OP}^2+\overline{AP}^2$ 의 최솟값은? [4점]

① 7 ② $\dfrac{15}{2}$

③ 8 ④ $\dfrac{17}{2}$

⑤ 9

Solution 문제풀이

2018 기출문제

105

09 함수 $y=\dfrac{1}{x+1}$의 그래프와 직선 $y=mx+n\ (m<0)$이 한 점에서 만나고, 그 만나는 점은 제 1사분면에 있다. 직선 $y=mx+n$이 x축과 만나는 점을 A, y축과 만나는 점을 B라 할 때, 삼각형 OAB의 넓이가 1이다. $m+n$의 값은? (단, m, n은 상수이고, O는 원점이다.) [4점]

① $2(3-4\sqrt{2})$ ② $2(3\sqrt{2}-4)$
③ $2(4\sqrt{2}-3)$ ④ $3\sqrt{2}-4$
⑤ $4\sqrt{2}-3$

Solution 문제풀이

10 실수 p에 대하여 이차방정식 $x^2-2px+p-1=0$의 두 실근을 α, β $(\alpha<\beta)$라 할 때, $\int_{\alpha}^{\beta}|x-p|\,dx$의 최솟값은? [4점]

① $\dfrac{1}{4}$ ② $\dfrac{1}{3}$
③ $\dfrac{1}{2}$ ④ $\dfrac{2}{3}$
⑤ $\dfrac{3}{4}$

Solution 문제풀이

11 두 점 $A(0, -4)$, $B(3, 0)$과 연립부등식 $\begin{cases} y \le 1 - x^2 \\ y \ge x^2 - 1 \end{cases}$ 의 영역에 속하는 점 $P(x, y)$ 에 대하여 삼각형 ABP의 넓이의 최댓값을 M, 최솟값을 m이라 하자. $M - m$의 값은?

[4점]

① 3

② $\dfrac{11}{3}$

③ $\dfrac{13}{3}$

④ 5

⑤ $\dfrac{17}{3}$

solution 문제풀이

12 720의 모든 양의 약수를 $a_1, a_2, a_3, \cdots, a_{30}$ 이라고 할 때, $\sum_{k=1}^{30} \log a_k$의 값은?

(단, $\log_{10} 2 = 0.30$, $\log_{10} 3 = 0.48$로 계산한다.) [4점]

① 140

② 143

③ 146

④ 149

⑤ 152

solution 문제풀이

13 1, 2, 3, 4, 5의 숫자가 각각 적힌 5개의 공을 모두 3개의 상자 A, B, C에 넣으려고 한다. 각 상자에 넣어진 공에 적힌 수의 합이 11 이하가 되도록 공을 상자에 넣는 방법의 수는? (단, 빈 상자의 경우에는 넣어진 공에 적힌 수의 합을 0으로 생각한다.) [4점]

① 190 　　　　② 195

③ 200 　　　　④ 205

⑤ 210

Solution 문제풀이

14 홀수의 눈이 나올 때까지 주사위를 던지는 시행을 반복한다. 10회 이하에서 1의 눈이 나와 시행을 멈출 확률은? [4점]

① $\dfrac{335}{1024}$ 　　　　② $\dfrac{337}{1024}$

③ $\dfrac{339}{1024}$ 　　　　④ $\dfrac{341}{1024}$

⑤ $\dfrac{343}{1024}$

Solution 문제풀이

15 방정식 $2x^2=x+3[x]$의 실근의 개수를 p, 모든 실근의 합을 q라 할 때, pq의 값은? (단, $[x]$는 x를 넘지 않는 최대 정수이다.) [4점]

① 12   ② 13

③ 14   ④ 15

⑤ 16

solution 문제풀이

16 그림과 같이 한 변의 길이가 1인 흰색 정사각형 R_0을 사등분하여 오른쪽 위의 한 정사각형을 검은색으로 칠한 전체 도형을 R_1이라 하고, R_1의 검은 부분의 넓이를 S_1이라 하자. R_1의 각 정사각형을 사등분하여 얻은 도형이 ⊞이면 ◼으로, ◼이면 ◼으로 모두 바꾼 후 얻은 전체 도형을 R_2라 하고, R_2의 검은 부분의 넓이를 S_2라 하자.

이와 같은 과정을 계속하여 n번째 얻은 전체 도형 R_n의 검은 부분의 넓이를 S_n이라 할 때, S_{10}의 값은? [4점]

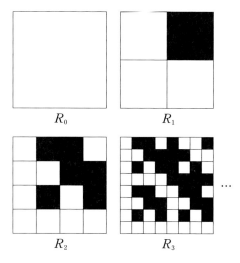

R_0 R_1

R_2 R_3

① $\dfrac{257}{512}$ ② $\dfrac{511}{1024}$

③ $\dfrac{513}{1024}$ ④ $\dfrac{1023}{2048}$

⑤ $\dfrac{1025}{2048}$

solution 문제풀이

17 음이 아닌 정수 n에 대하여 최고차항의 계수가 1인 n차 다항함수 $P_n(x)$는 다음 조건을 만족시킨다.

> (가) $P_0(x)=1$, $P_1(x)=x$
> (나) 음이 아닌 서로 다른 정수 m, n에 대하여
> $$\int_{-1}^{1}P_m(x)P_n(x)dx=0$$

$\displaystyle\int_{0}^{1}P_3(x)dx$의 값은? [5점]

① $-\dfrac{1}{20}$ ② $-\dfrac{1}{10}$

③ $\dfrac{1}{5}$ ④ $\dfrac{1}{10}$

⑤ $\dfrac{1}{20}$

18 함수

$$f(x) = [x] + \left[x + \frac{1}{100}\right] + \left[x + \frac{2}{100}\right]$$
$$+ \cdots + \left[x + \frac{99}{100}\right]$$

에 대하여 옳은 것만을 〈보기〉에서 있는 대로 고른 것은? (단, $[x]$는 x를 넘지 않는 최대 정수이다.) [5점]

─────〈 보기 〉─────

ㄱ. $f\left(\dfrac{4}{3}\right) = 133$

ㄴ. 자연수 n에 대하여

$$f\left(x + \frac{n}{2}\right) = f(x) + 50n$$

ㄷ. 자연수 n에 대하여 $\dfrac{n}{100} \le x < \dfrac{n+1}{100}$일

때, $f(f(x) - 1) = nf(x) - 1$을 만족시

키는 자연수 n의 개수는 1이다.

① ㄴ 　　　　　　② ㄷ

③ ㄱ, ㄴ 　　　　　④ ㄱ, ㄷ

⑤ ㄱ, ㄴ, ㄷ

Solution 문제풀이

19 첫째항이 1이고 공비가 r $(r > 0)$인 등비수열 $\{a_n\}$에 대하여 함수 $f(x) = \sum\limits_{n=1}^{17} |x - a_n|$ 은 $x = 16$에서 최솟값을 갖는다. 그 최솟값을 m이라 할 때, rm의 값은? [5점]

① $15(30 + 31\sqrt{2})$

② $15(31 + 30\sqrt{2})$

③ $15(31 - 15\sqrt{2})$

④ $30(31 - 15\sqrt{2})$

⑤ $30(31 + 15\sqrt{2})$

Solution 문제풀이

20 미분가능한 함수 $f(x), g(x)$가
$f(x+y)=f(x)g(y)+f(y)g(x)$,
$f(1)=1$
$g(x+y)=g(x)g(y)+f(x)f(y)$,
$\lim\limits_{x\to 0}\dfrac{g(x)-1}{x}=0$
을 만족시킬 때, 옳은 것만을 〈보기〉에서 있는 대로 고른 것은? [5점]

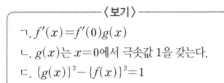

〈보기〉

ㄱ. $f'(x)=f'(0)g(x)$

ㄴ. $g(x)$는 $x=0$에서 극솟값 1을 갖는다.

ㄷ. $\{g(x)\}^2-\{f(x)\}^2=1$

① ㄴ   ② ㄷ

③ ㄱ, ㄴ   ④ ㄱ, ㄷ

⑤ ㄱ, ㄴ, ㄷ

Solution 문제풀이

[21~25] 각 문항의 답을 답안지에 기재하시오.

21 $\log_m 2=\dfrac{n}{100}$을 만족시키는 자연수의 순서쌍 (m, n)의 개수를 구하시오. [3점]

Solution 문제풀이

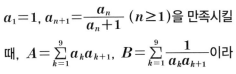

22 수열 $\{a_n\}$이

$a_1 = 1$, $a_{n+1} = \dfrac{a_n}{a_n + 1}$ $(n \geq 1)$을 만족시킬

때, $A = \sum\limits_{k=1}^{9} a_k a_{k+1}$, $B = \sum\limits_{k=1}^{9} \dfrac{1}{a_k a_{k+1}}$이라

하자. AB의 값을 구하시오. [4점]

solution 문제풀이

23 집합 $X = \{1, 2, 3, 4, 5, 6\}$에서 집합 X로의 함수 $f(x)$가 $(f \circ f \circ f)(x) = x$를 만족시킬 때, 함수 f의 개수를 구하시오. [4점]

solution 문제풀이

24 $1 \leq k < l < m \leq 10$인 세 자연수 k, l, m에 대하여 함수 $f(x)$의 도함수 $f'(x)$가 $f'(x) = (x+1)^k x^l (x-1)^m$일 때, $x=0$에서 $f(x)$가 극댓값을 갖도록 하는 순서쌍 (k, l, m)의 개수를 구하시오. [4점]

solution 문제풀이

25 함수 $f(x) = (x-1)^4(x+1)$에 대하여 이차함수 $g(x)$, $h(x)$가

$$f(x) = g(x) + \int_0^x (x-t)^2 h(t) dt$$

를 만족시킬 때, $g(2) + h(2)$의 값을 구하시오. [5점]

solution 문제풀이

2025

경찰대학

10개년 수학

2017학년도 기출문제

수학영역

제3교시 수학영역

▶정답 및 해설 216p

[01~20] 각 문항의 답을 하나만 고르시오.

01 다음을 만족시키는 정수 a, b의 순서쌍 (a, b)의 개수는? [3점]

$$\log a = 3 - \log(a+b)$$

① 4   ② 8
③ 12   ④ 16
⑤ 32

Solution 문제풀이

02 좌표평면에 세 점 $O(0, 0)$, $A(1, 0)$, $B(0, 1)$와 선분 AB 위의 점 P에 대하여 삼각형 OAP의 무게중심을 G라 하자. $\triangle OAG = \dfrac{1}{4} \triangle OAB$일 때, 점 P의 x좌표는? [3점]

① $\dfrac{1}{2}$ ② $\dfrac{1}{3}$
③ $\dfrac{1}{4}$ ④ $\dfrac{1}{6}$
⑤ $\dfrac{1}{12}$

Solution 문제풀이

03 한 개의 주사위를 72번 던질 때, 3의 배수의 눈이 30번 이상 36번 이하로 나올 확률을 아래 표준정규분포표를 이용하여 구한 것은? [3점]

z	$P(0 \leq Z \leq z)$
1.0	0.3413
1.5	0.4332
2.0	0.4772
2.5	0.4938
3.0	0.4987

① 0.0215   ② 0.0655

③ 0.1359   ④ 0.1525

⑤ 0.1574

solution 문제풀이

04 한 개의 주사위를 두 번 던져 나오는 눈의 수를 차례로 a, b라 하고 복소수 z를 $z=a+2bi$라 할 때, $z+\dfrac{z}{i}$가 실수일 확률은? [3점]

① $\dfrac{1}{6}$ ② $\dfrac{1}{9}$

③ $\dfrac{1}{12}$ ④ $\dfrac{1}{15}$

⑤ $\dfrac{1}{18}$

solution 문제풀이

2017 기출문제

117

05 양수 k에 대하여

$A=\{(x, y)\mid x\geq0,\ y\geq kx,\ x+y\leq k\}$
$B=\{(x, y)\mid x^2+(y-k)^2\leq k^2\}$

이라 하자. $A\cup B=B$를 만족시키는 k의 최솟값은? [4점]

① $2-\sqrt{3}$ ② $\sqrt{2}-1$
③ $\sqrt{3}-1$ ④ $1+\sqrt{2}$
⑤ $1+\sqrt{3}$

06 함수

$$f(x)=\begin{cases} \dfrac{x^2-a}{\sqrt{x^2+b}-\sqrt{c^2+b}} & (x\neq c) \\ 4c & (x=c) \end{cases}$$

가 $x=c$에서 연속이 되도록 하는 실수 a, b, c에 대하여, $a+b+c$의 최솟값은? [4점]

① 0 ② $-\dfrac{1}{8}$
③ $-\dfrac{1}{4}$ ④ $-\dfrac{1}{2}$
⑤ -1

07 집합 $A=\{1,\ 2,\ 3\}$, $B=\{1,\ 2,\ 3,\ 4\}$, $C=\{a,\ b,\ c\}$에 대하여 두 함수 $f:A \to B$, $g:B \to C$의 합성합수 $g \circ f:A \to C$가 역함수를 갖도록 하는 순서쌍 $(f,\ g)$의 개수는? [4점]

① 108 ② 144

③ 216 ④ 432

⑤ 864

Solution 문제풀이

08 1부터 1000까지의 자연수가 하나씩 적힌 카드 1000장 중에서 한 장을 뽑을 때, 적힌 수가 다음 세 조건을 만족하는 경우의 수는? [4점]

> (가) 적힌 수는 홀수이다.
> (나) 각 자리의 수의 합은 3의 배수가 아니다.
> (다) 적힌 수는 5의 배수가 아니다.

① 256 ② 266

③ 276 ④ 286

⑤ 296

Solution 문제풀이

09 아래 그림은 어느 도시의 도로를 선으로 나타낸 것이다. 교차로 P에서는 좌회전을 할 수 없고, 교차로 Q는 공사중이어서 지나갈 수 없다고 한다. A를 출발하여 B에 도달하는 최단 경로의 개수는? [4점]

① 818　　② 825

③ 832　　④ 839

⑤ 846

Solution 문제풀이

10 좌표평면에서 직선 $y=nx$(n은 자연수)와 원 $x^2+y^2=1$이 만나는 점을 A_n, B_n이라 하자. 원점 O와 A_n의 중점을 P_n이라 하고, $\overline{A_nP_n}=\overline{B_nQ_n}$을 만족시키는 직선 $y=nx$ 위의 점을 Q_n이라 하자. (단, Q_n은 원 외부에 있다.) 점 Q_n의 좌표를 (a_n, b_n)이라 할 때, $\lim_{n\to\infty}|na_n+b_n|$의 값은? [4점]

① 1　　② 2

③ 3　　④ 4

⑤ 5

Solution 문제풀이

11 최고차항의 계수가 양수인 이차함수 $f(x)$에 대하여 함수 $g(x)$를 $g(x)=\displaystyle\int_0^x |f(t)-2t|\,dt$로 정의하자. 다음 조건을 만족시키는 이차함수 f 중에서 $f(1)$의 최솟값은? [4점]

> $g'(x)$는 실수 전체의 집합에서 미분가능하다.

① 1   ② 2

③ 3   ④ 4

⑤ 5

solution 문제풀이

12 함수
$$f(x)=x+(x-1)(x-2)(x-3)(x-4)$$
에 대하여 $\{f(x)\}^2-x^2 f(x)$를 $f(x)-x$로 나눈 나머지를 $r(x)$라 하자. 함수 $y=r(x)$의 극댓값과 극솟값의 합은? [4점]

① $\dfrac{3}{8}$ ② $\dfrac{4}{9}$

③ $\dfrac{5}{12}$ ④ $\dfrac{3}{16}$

⑤ $\dfrac{4}{27}$

solution 문제풀이

13 서로 다른 6개의 물건을 남김없이 서로 다른 3개의 상자에 임으로 분배할 때, 빈 상자가 없도록 분배할 확률은? [4점]

① $\dfrac{2}{3}$

② $\dfrac{19}{27}$

③ $\dfrac{20}{27}$

④ $\dfrac{7}{9}$

⑤ $\dfrac{22}{27}$

Solution 문제풀이

14 두 곡선 $y=2x^2+6$, $y=-x^2$에 모두 접하고 기울기가 양수인 직선 l이 있다. 직선 l과 곡선 $y=2x^2+6$의 접점을 P, 직선 l과 곡선 $y=-x^2$의 접점을 Q라 할 때, 선분 PQ의 길이는? [4점]

① $2\sqrt{31}$

② $8\sqrt{2}$

③ 12

④ $5\sqrt{6}$

⑤ $3\sqrt{17}$

Solution 문제풀이

15 방정식 $|x^2-2x-6|=|x-k|+2$가 서로 다른 세 실근을 갖도록 하는 모든 실수 k의 값의 합은? [4점]

① 1   ② 2

③ 3   ④ 4

⑤ 5

solution 문제풀이

16 좌표평면에서 원 $x^2+y^2=1$과 직선 $y=-\dfrac{1}{2}$이 만나는 점을 A, B라 하자. 점 $P(0,\ t)\left(t\neq-\dfrac{1}{2}\right)$에 대하여 다음 조건을 만족시키는 점 C의 개수를 $f(t)$라 하자.

> (가) C는 A나 B가 아닌 원 위의 점이다.
> (나) A, B, C를 꼭짓점으로 하는 삼각형의 넓이는 A, B, P를 꼭짓점으로 하는 삼각형의 넓이와 같다.

$f(a)+\lim\limits_{t\to a-}f(t)=5$이고 $\lim\limits_{t\to 0-}f(t)=b$일 때, $a+b$의 값은? [4점]

① 1   ② 2

③ 3   ④ 4

⑤ 5

solution 문제풀이

17 $a_1 = \dfrac{9}{8}$이고 자연수 n에 대하여

$$a_{n+1} = \frac{9}{8}\left(\frac{9}{8}+9\right)\left(\frac{9}{8}+9+9^2\right)\cdots$$

$$\left(\frac{9}{8}+9+9^2+\cdots+9^n\right)$$이라 하자.

$\displaystyle\sum_{k=1}^{10}\dfrac{\log a_k}{k}=\log A$일 때, A의 값은? [5점]

① $\dfrac{3^{65}}{2^{30}}$ ② $\dfrac{3^{60}}{2^{25}}$

③ $\dfrac{2^{65}}{3^{30}}$ ④ $\dfrac{2^{60}}{3^{25}}$

⑤ $\dfrac{3^{60}}{2^{30}}$

solution 문제풀이

18 실수 x, y에 대하여

$$\sqrt{4+y^2}+\sqrt{x^2+y^2-4x-4y+8}$$
$$+\sqrt{x^2-10x+29}$$의 최솟값은? [5점]

① $\sqrt{29}$ ② $\sqrt{33}$

③ $\sqrt{37}$ ④ $\sqrt{41}$

⑤ $3\sqrt{5}$

solution 문제풀이

19 함수 $f(x)=x^4-6x^3+12x^2-8x+1$과 이차함수 $g(x)$는 어떤 실수 α에 대하여 다음 조건을 만족시킨다.

> (가) $f(\alpha)=g(\alpha),\ f'(\alpha)=g'(\alpha)$
> (나) $f(\alpha+1)=g(\alpha+1),$
> $f'(\alpha+1)=g'(\alpha+1)$

두 곡선 $y=f(x)$와 $y=g(x)$로 둘러싸인 영역의 넓이를 S_1, 곡선 $y=g(x)$와 x축으로 둘러싸인 영역의 넓이를 S_2라 할 때, $\dfrac{S_2}{S_1}$의 값은? [5점]

① 20   ② 25

③ 30   ④ 35

⑤ 40

solution 문제풀이

20 두 수 $a,\ b$가

$$a=\sum_{k=1}^{100}\frac{1}{2k(2k-1)}$$

$$b=\sum_{k=1}^{100}\frac{1}{(100+k)(201-k)}$$

일 때, $\left[\dfrac{a}{b}\right]$의 값은? (단, $[x]$는 x보다 크지 않은 최대의 정수이다.) [5점]

① 150   ② 152

③ 154   ④ 156

⑤ 158

solution 문제풀이

2017 기출문제

[21~25] 각 문항의 답을 답안지에 기재하시오.

21 $60^a=5$, $60^b=6$일 때, $12^{\frac{2a+b}{1-a}}$의 값을 구하시오. [3점]

22 실수 x, y, z가
$x+y+z=5$, $x^2+y^2+z^2=15$, $xyz=-3$
을 만족시킬 때, $x^5+y^5+z^5$의 값을 구하시오. [4점]

23 다음 조건을 만족시키며 6일 동안 친구 A, B, C를 초대하는 방법의 수를 구하시오. [4점]

(가) 매일 A, B, C 중 1명을 초대한다.
(나) 어떤 친구도 3번 넘겨 초대하지 않는다.

solution 문제풀이

24 좌표평면에서 직선 $2x+y=k\,(k>0)$를 따라 거울 l, x축을 따라 거울 m이 놓여 있다. 점 $A(0, 1)$에서 거울 l을 향해 쏜 빛은 l과 m에 차례로 반사되어 점 A로 되돌아 왔다. 빛이 이동한 거리가 $\sqrt{5}$일 때, $10k$의 값을 구하시오. [4점]

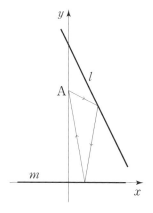

solution 문제풀이

25 정수 d는 다음 조건을 만족시키는 등차수열 $\{a_n\}$의 공차이다.

(가) $a_1 = -2016$

(나) $\displaystyle\sum_{k=n}^{2n} a_k = 0$인 자연수 n이 존재한다.

모든 d의 합을 k라 할 때, k를 1000으로 나눈 나머지를 구하시오. [5점]

solution 문제풀이

2025

경찰대학

10개년 수학

2016학년도 기출문제

수학영역

01 행렬 $A=\begin{pmatrix} 1 & -3 \\ 0 & 1 \end{pmatrix}$에 대하여

$A+A^2+A^3+\cdots+A^n$의 $(1, 2)$성분이

-1488일 때, 자연수 n의 값은? [3점]

① 31   ② 32

③ 33   ④ 34

⑤ 35

Solution 문제풀이

02 유리수 a, b, x, y에 대하여 두 등식

$(2+\sqrt{3})^{100}=a+b\sqrt{3}$,

$(2+\sqrt{3})^{101}=x+y\sqrt{3}$이 성립된다고 하자.

$\begin{pmatrix} x \\ y \end{pmatrix}=A\begin{pmatrix} a \\ b \end{pmatrix}$를 x, y와 a, b에 관한 관계식

으로 나타낸 것이라 할 때 행렬 A를 구하면?

[3점]

① $\begin{pmatrix} 1 & 0 \\ 0 & 1 \end{pmatrix}$ ② $\begin{pmatrix} 3 & 2 \\ 2 & 1 \end{pmatrix}$

③ $\begin{pmatrix} 2 & 3 \\ 1 & 2 \end{pmatrix}$ ④ $\begin{pmatrix} 2 & 1 \\ 3 & 2 \end{pmatrix}$

⑤ $\begin{pmatrix} 1 & 2 \\ 2 & 3 \end{pmatrix}$

Solution 문제풀이

03 어느 도시에서 운전면허증을 소지한 사람이 지난 10년간 교통법규를 위반한 건수는 평균 5건, 표준편차 1건인 정규 분포를 따른다고 한다. 이 도시에서 운전면허증을 소지한 사람 중에서 임의추출한 100명이 지난 10년간 교통법규를 위반한 건수의 평균이 4.85건 이상이고 5.2건 이하일 확률을 표준정규분포표를 이용하여 구하면? [3점]

z	$P(0 \leq Z \leq z)$
1.5	0.4332
2.0	0.4772
2.5	0.4938

① 0.8644　　　　② 0.9104

③ 0.9544　　　　④ 0.9710

⑤ 0.9876

solution 문제풀이

04 x에 대한 이차방정식 $f(x)=0$의 두 근 α, β가 $\alpha+\beta=\alpha\beta$를 만족한다고 하자. 이차방정식 $f(x-1)=0$의 두 근을 γ, δ라 할 때 $\gamma^2+\delta^2$의 최솟값은? [3점]

① 1　　　　② 2

③ 3　　　　④ 4

⑤ 5

solution 문제풀이

05 ω는 $x^2+x+1=0$의 한 허근이고,

$f(x)=x+\dfrac{1}{x}$라 할 때,

$f(\omega)f(\omega^2)f(\omega^{2^2})f(\omega^{2^3})\cdots f(\omega^{2^{2016}})$의 값은? [4점]

① -1

② 1

③ ω

④ $\dfrac{1}{\omega}$

⑤ $-\omega-1$

solution 문제풀이

06 방정식 $\sqrt{2016}\ x^{\log_{2016}x}=x^2$의 해의 곱을 N이라 할 때, N의 마지막 두 자리를 구하면? [4점]

① 16

② 36

③ 56

④ 76

⑤ 96

solution 문제풀이

07 어떤 프로파일러가 사람을 면담한 후 범인 여부를 판단할 확률이 다음과 같다.

> • 범행을 저지른 사람을 범인으로 판단할 확률은 0.99이다.
> • 범행을 저지르지 않은 사람을 범인으로 판단할 확률은 0.04이다.

이 프로파일러가 범행을 저지른 사람 20명과 범행을 저지르지 않은 사람 80명으로 이루어진 집단에서 임의로 한 명을 선택하여 면담하였을 때, 이 사람을 범인으로 판단할 확률은?

[4점]

① 0.2　　　　② 0.21

③ 0.22　　　　④ 0.23

⑤ 0.24

Solution 문제풀이

08 확률변수 X가 이항분포 $\mathrm{B}(n,\ p)$를 따르고 $\mathrm{E}(X^2)=40$, $\mathrm{E}(3X+1)=19$일 때, $\dfrac{\mathrm{P}(X=1)}{\mathrm{P}(X=2)}$의 값은? [4점]

① $\dfrac{4}{17}$　　　　② $\dfrac{7}{17}$

③ $\dfrac{10}{17}$　　　　④ $\dfrac{13}{17}$

⑤ $\dfrac{16}{17}$

Solution 문제풀이

09 두 수열 $\{a_n\}$, $\{b_n\}$이 $a_{n+1}=\dfrac{1}{2}|a_n|-1$,

$a_1=1$, $b_n=a_{n+1}+\dfrac{2}{3}$ $(n=1, 2, 3, \cdots)$

을 만족시킬 때, 〈보기〉에서 옳은 것만을 있는 대로 고르면? [4점]

〈보기〉

ㄱ. $n \geq 2$ 이면 $a_n < 0$이다.

ㄴ. $\displaystyle\lim_{n \to \infty} a_n = -2$

ㄷ. $\displaystyle\sum_{n=1}^{\infty} b_n = \dfrac{1}{9}$

① ㄱ
② ㄴ
③ ㄱ, ㄴ
④ ㄱ, ㄷ
⑤ ㄱ, ㄴ, ㄷ

<u>solution</u> 문제풀이

10 함수 $f(x)$는 모든 실수 x에 대하여 $f(x+2)=f(x)$를 만족시키고 $f(x)=2-|x-1|$ $(0 \leq x < 2)$이다. 2 이상인 자연수 n에 대하여 $y=\log_n x$의 그래프와 $y=f(x)$의 그래프가 만나는 점의 개수를 a_n이라 할 때, $\displaystyle\sum_{n=2}^{10} a_n$의 값은? [4점]

① 250
② 270
③ 290
④ 310
⑤ 330

<u>solution</u> 문제풀이

11 모든 실수 x에 대하여
$f(-x) = -f(x)$인 다항함수 $f(x)$가
$f(-1) = 2$, $\displaystyle\lim_{x \to -1} \frac{f(1)-f(-x)}{x^2-1} = 3$을
만족시킬 때 $\displaystyle\lim_{x \to -1} \frac{\{f(x)\}^2-4}{x+1}$의 값은?

[4점]

① -24 ② -12

③ 0 ④ 12

⑤ 24

Solution 문제풀이

12 삼차함수 $f(x) = (a-4)x^3 + 3(b-2)x^2 - 3ax + 2$가 극값을 갖지 않을 때, 좌표평면에서 점 (a, b)가 존재하는 영역을 A라 하고, $B = \{(x, y) \mid mx-y+m=0\}$이라 하자. $A \cap B \neq \varnothing$이기 위한 m의 최댓값과 최솟값의 합은? (단, a, b, m은 실수이다.)

[4점]

① $\dfrac{9}{5}$ ② $\dfrac{11}{5}$

③ $\dfrac{12}{5}$ ④ $\dfrac{13}{5}$

⑤ $\dfrac{14}{5}$

Solution 문제풀이

13 자연수 n에 대하여 두 조건 $\left[\dfrac{x}{n}\right]=2$, $\left[\dfrac{x}{n+1}\right]=1$을 만족시키는 실수 x 중에서 가장 큰 자연수를 a_n이라 할 때, $\displaystyle\sum_{n=1}^{30} a_n$의 값은? (단, $[t]$는 t보다 크지 않은 최대 정수이다.) [4점]

① 955 ② 956

③ 957 ④ 958

⑤ 959

Solution 문제풀이

14 10명의 순경이 세 구역을 순찰하려고 한다. 각 구역에는 적어도 한 명이 순찰하고, 각 구역의 순찰 인원은 5명 이하가 되도록 인원수를 정하는 경우의 수는? (단, 한 명의 순경은 하나의 구역만 순찰하고, 순경은 서로 구분하지 않는다.) [4점]

① 16 ② 18

③ 20 ④ 22

⑤ 24

Solution 문제풀이

15 함수 f는 임의의 실수 x, y에 대하여 다음을 만족시킨다.

$$f(1) > 0, \ f(xy) = f(x)f(y) - x - y$$

이 때, $\displaystyle \lim_{n \to \infty} \sum_{k=1}^{n} \left\{ \frac{6}{\sqrt{n}} f\left(2 + \frac{4k}{n}\right) \right\}^2$의 값은?

[4점]

① 510　　　　② 624

③ 756　　　　④ 832

⑤ 948

solution 문제풀이

16 다음과 같이 흰 바둑돌 1개와 검은 바둑돌 2개를 왼쪽부터 교대로 반복하여 나열하였다.

○ ● ● ○ ● ● ○ ● ● ○ ● ● ○ ● ●……

이 바둑돌을 왼쪽부터 차례로 1개, 2개, 3개, …를 꺼내어 각각 제1행, 제2행, 제3행, …에 순서대로 놓으면 아래 그림과 같다.

제1행	○
제2행	● ●
제3행	○ ● ●
제4행	○ ● ● ○
제5행	● ● ○ ● ●
⋮	⋮

제n행에 놓인 검은 바둑돌의 개수를 a_n이라 할 때, $\displaystyle \sum_{n=1}^{50} a_n$의 값은? [4점]

① 830　　　　② 840

③ 850　　　　④ 860

⑤ 880

solution 문제풀이

17 눈의 수가 1부터 6까지인 주사위를 던져서 눈의 수가 1 또는 6이 나올 때까지 반복한다. 한 번 던지고 중지하면 1000원을 받고, 두 번 던지고 중지하면 2000원을 받는다. 이와 같이 계속하여 n번 던지고 중지하면 $n \times 1000$원을 받을 때, 받는 돈의 기댓값은? [5점]

① 1000원 ② 1500원

③ 2000원 ④ 2500원

⑤ 3000원

solution 문제풀이

18 두 수 a, b가 $0 < b < a$를 만족시킬 때, 한 꼭짓점이 (a, b)이고, 다른 두 꼭짓점이 각각 x축과 직선 $y = 2x$에 놓여있는 삼각형의 둘레의 길이의 최솟값은? [5점]

① $\dfrac{4}{\sqrt{5}}\sqrt{a^2 + b^2}$ ② $\dfrac{4}{\sqrt{5}}\sqrt{a^2 - b^2}$

③ $\dfrac{4}{\sqrt{5}}\sqrt{a^2 + 4b^2}$ ④ $\dfrac{4}{\sqrt{5}}\sqrt{4a^2 + b^2}$

⑤ $\dfrac{4}{\sqrt{5}}\sqrt{4a^2 - b^2}$

solution 문제풀이

19 $\triangle ABC$에서 $\overline{AB}=x$, $\overline{BC}=x+1$, $\overline{AC}=x+2$이고 $\angle B=2\theta$, $\angle C=\theta$일 때, $\cos\theta$의 값은? [5점]

① $\dfrac{2}{3}$ ② $\dfrac{3}{5}$

③ $\dfrac{3}{4}$ ④ $\dfrac{4}{5}$

⑤ $\dfrac{5}{6}$

solution 문제풀이

20 무한히 확장된 바둑판 모양 격자에서 실행되는 게임을 생각한다. 이전 세대에서 다음 세대로 넘어갈 때 어떤 정사각형이 살아있을 것인가를 결정하는 규칙은 다음과 같다.

> • 살아있는 정사각형은 자신을 감싸는 여덟 개의 정사각형 중에서 정확히 두 개 또는 세 개가 살아있다면 다음 세대에서 살아남고, 그렇지 않으면 죽는다.
> • 죽어있는 정사각형은 자신을 감싸는 여덟 개의 정사각형 중에서 정확히 세 개가 살아있다면 다음 세대에서 살아남고, 그렇지 않으면 죽은 채로 있다.

그림과 같은 초기 세대의 상태에 대하여, 〈보기〉에서 미래 세대의 상태를 설명한 것 중 옳은 것만을 있는 대로 고르면? (단, 검게 칠해진 정사각형이 살아있는 정사각형이다.)

[5점]

(가)   (나)   (다)

> ─────〈보기〉─────
> ㄱ. (가)의 초기 세대(0세대)에서 다음 세대(1세대)로 넘어간 후 살아남은 정사각형의 개수는 18개이다.
> ㄴ. (나)는 몇 세대 후 모든 정사각형이 죽는다.
> ㄷ. (다)는 살아남은 정사각형의 위치와 형태가 몇 세대 이후부터는 변하지 않고 고정된다.

① ㄱ   ② ㄷ

③ ㄱ, ㄴ   ④ ㄴ, ㄷ

⑤ ㄱ, ㄴ, ㄷ

solution 문제풀이

[21~25] 각 문항의 답을 답안지에 기재하시오.

21 등차수열 $\{a_n\}$에 대하여
$a_1+a_3+a_{13}+a_{15}=72$일 때,
$\sum_{n=1}^{15} a_n$의 값을 구하시오. [3점]

solution 문제풀이

22 실수 t에 대하여 함수
$f(x)=x^2-2|x-t|$ $(-1 \le x \le 1)$의 최댓값을 $g(t)$라고 하자.
$\int_0^{\frac{3}{2}} g(t)dt = \frac{q}{p}$일 때, $p+q$의 값을 구하시오. (단, p, q는 서로소인 자연수이다.) [4점]

solution 문제풀이

23 두 자연수 m, n에 대하여 부등식
$\left| \log_3 \frac{m}{15} \right| + \log_3 \frac{n}{3} \le 0$을 만족시키는 순서쌍 (m, n)의 개수를 구하시오. [4점]

solution 문제풀이

24 다항함수
$$f(x)=x^3(x^3+1)(x^3+2)(x^3+3)$$에
대하여 $f'(-1)=a$이고 $f(x)$의 최솟값이
b일 때, a^2+b^2의 값을 구하시오. [4점]

Solution 문제풀이

25 삼각형 ABC에서 $\overline{\mathrm{AB}}$의 n등분 점과 꼭짓점 C를 잇고, $\overline{\mathrm{AC}}$의 n등분 점과 꼭짓점 B를 잇는다. 이때, 만들어지는 삼각형($\triangle\mathrm{ABC}$도 포함)의 개수를 a_n이라 하자. 예를 들어, $n=2$인 다음 그림에서 $a_2=8$이다. a_5의 값을 구하시오. [5점]

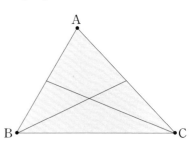

Solution 문제풀이

2025
경찰대학
 10개년 수학

2015학년도 기출문제

수학영역

제3교시 수학영역

▶정답 및 해설 228p

01 행렬 $A = \begin{pmatrix} 1 & 2 \\ 0 & -1 \end{pmatrix}$에 대하여 $\sum\limits_{k=1}^{2n} A^k$의 모든 성분의 합을 a_n이라 하자. $\sum\limits_{n=1}^{\infty} \dfrac{4}{a_n a_{n+1}}$의 값은? [3점]

① 1

② $\dfrac{1}{2}$

③ $\dfrac{1}{3}$

④ $\dfrac{1}{4}$

⑤ $\dfrac{1}{5}$

solution 문제풀이

02 자연수 n에 대하여 다항식 $(x-1)^{2n} + (x+1)^n$을 $x-3$으로 나눈 나머지를 a_n, $x-1$로 나눈 나머지를 b_n이라 할 때, $\lim\limits_{n \to \infty} \dfrac{\log_2 a_n + \log_2 b_n}{n}$의 값은? [3점]

① 1

② 2

③ 3

④ 4

⑤ 5

solution 문제풀이

03 5^{25}은 m자리 정수이고 5^{25}의 최고 자리의 숫자는 n이다. $m+n$의 값은? (단, $\log2 =0.3010$, $\log3=0.4771$로 계산한다.)

[3점]

① 18   ② 20

③ 22   ④ 24

⑤ 26

Solution 문제풀이

04 1부터 10까지 자연수가 하나씩 적혀 있는 10개의 공이 주머니에 들어 있다. 이 주머니에서 3개의 공을 임의로 한 개씩 꺼낼 때, 나중에 꺼낸 공에 적혀 있는 수가 더 큰 순서로 꺼낼 확률은? (단, 꺼낸 공은 다시 넣지 않는다.) [3점]

① $\dfrac{1}{2}$ ② $\dfrac{1}{3}$

③ $\dfrac{1}{5}$ ④ $\dfrac{1}{6}$

⑤ $\dfrac{1}{8}$

Solution 문제풀이

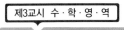

05 원에 내접하는 사각형 ABCD에 대하여 $\overline{AB}=1$, $\overline{BC}=3$, $\overline{CD}=4$, $\overline{DA}=6$이다. 사각형 ABCD의 넓이는? [4점]

① $5\sqrt{2}$ ② $6\sqrt{2}$

③ $7\sqrt{2}$ ④ $8\sqrt{2}$

⑤ $9\sqrt{2}$

Solution 문제풀이

06 함수 $f(n)$이 $f(n)=\lim\limits_{x \to 1}\dfrac{x^n+3x-4}{x-1}$ 일 때, $\sum\limits_{n=1}^{10}f(n)$의 값은? [4점]

① 65   ② 70

③ 75   ④ 80

⑤ 85

Solution 문제풀이

07 방정식 $x^3+1=0$의 한 허근을 α라 할 때,

$$\sum_{k=1}^{\infty} \frac{1}{(k-\alpha)(k-\alpha^2)}$$의 값은? [4점]

① α　　　　② $\alpha-1$

③ $1-\alpha$　　　④ 1

⑤ -1

solution 문제풀이

08 두 이차정사각행렬 A, B에 대하여 옳은 것만을 〈보기〉에서 있는 대로 고른 것은? (단, E는 단위행렬이고 O는 영행렬이다.) [4점]

〈보기〉

ㄱ. $(A+B)^2=O$이면 $A+B=O$이다.

ㄴ. $A+E=(B+E)^2$이면 $AB=BA$이다.

ㄷ. $A^3+2A^2+A=O$이면 $A+2E$는 역행렬을 갖는다.

① ㄱ　　　　② ㄴ

③ ㄷ　　　　④ ㄱ, ㄴ

⑤ ㄴ, ㄷ

solution 문제풀이

09 자연수 n에 대하여 연립일차방정식
$$\begin{cases} ax-by=1 \\ bx+(a-2n)y=1 \end{cases}$$ 의 해가 존재하지 않을 때, 실수 a, b의 순서쌍 (a, b) 전체의 집합을 A_n이라 하자. 〈보기〉에서 옳은 것만을 있는 대로 고른 것은? [4점]

ㄱ. $(n, n) \notin A_n$
ㄴ. $(a, b) \in A_n$이면 $\sqrt{a^2+b^2} > 2n$이다.
ㄷ. 서로 다른 두 자연수 m, n에 대하여
  $A_m \cap A_n = \varnothing$이다.

① ㄱ
② ㄴ
③ ㄱ, ㄷ
④ ㄴ, ㄷ
⑤ ㄱ, ㄴ, ㄷ

solution 문제풀이

10 x축 위의 점 $A_n(x_n, 0)$에 대하여 함수 $f(x)=4x^2$의 그래프 위의 점 $B_n(x_n, f(x_n))$에서 접선이 x축과 만나는 점을 $A_{n+1}(x_{n+1}, 0)$이라 하자. 삼각형 $A_n B_n A_{n+1}$의 넓이를 S_n이라 할 때, $\sum\limits_{n=1}^{\infty} S_n$의 값은? (단, $x_1=1$) [4점]

① $\dfrac{4}{3}$
② $\dfrac{5}{4}$
③ $\dfrac{6}{5}$
④ $\dfrac{7}{6}$
⑤ $\dfrac{8}{7}$

solution 문제풀이

11 양의 실수 a, b, c에 대하여 세 조건
$p : ax^2 - bx + c < 0,$
$q : \dfrac{a}{x^2} - \dfrac{b}{x} + c < 0,$
$r : (x-1)^2 \leq 0$
의 진리집합을 각각 P, Q, R라 할 때, 〈보기〉에서 옳은 것만을 있는 대로 고른 것은? [4점]

─────〈보기〉─────

ㄱ. $R \subset P$이면 $R \subset Q$이다.

ㄴ. $P \cap Q = \varnothing$이면 $R \subset P$ 또는 $R \subset Q$이다.

ㄷ. $P \cap Q \neq \varnothing$이면 $R \subset P \cap Q$이다.

① ㄱ   ② ㄴ

③ ㄱ, ㄷ   ④ ㄴ, ㄷ

⑤ ㄱ, ㄴ, ㄷ

solution 문제풀이

12 $f(x) = \sqrt{x}$에 대하여
$\displaystyle\lim_{n \to \infty} \sum_{k=1}^{n} \frac{k}{n}\left\{ f\left(\frac{k}{n}\right) - f\left(\frac{k-1}{n}\right) \right\}$의 값은?

[4점]

① $\dfrac{1}{5}$ ② $\dfrac{1}{4}$

③ $\dfrac{1}{3}$ ④ $\dfrac{1}{2}$

⑤ 1

solution 문제풀이

13 15 이하의 자연수 중에서 서로 다른 4개의 수를 뽑을 때, 어느 두 수도 3 이상 차이가 나도록 뽑는 방법의 수는? [4점]

① 108　　　　　　② 120

③ 126　　　　　　④ 132

⑤ 144

solution 문제풀이

14 함수 $f(x)=\log_a x+1 (x \geq 1)$에 대하여 $f_1(x)=f(x)$, $f_2(x)=f(f_1(x))$, $\cdots$, $f_n(x)=f(f_{n-1}(x))$, $\cdots$로 나타낼 때 〈보기〉에서 옳은 것만을 있는 대로 고른 것은? [5점]

―――〈보기〉―――

ㄱ. $m<n$이면 $f_m(x) \leq f_n(x)$이다.

ㄴ. $x \geq \dfrac{3}{2}$일 때 $\lim\limits_{n \to \infty} f_n(x)$는 수렴한다.

ㄷ. 임의의 자연수 m, n에 대하여 $f_m(x)=f_n(x)$이면 $x=1$ 또는 $x=2$이다.

① ㄱ　　　　　　② ㄴ

③ ㄱ, ㄷ　　　　　④ ㄴ, ㄷ

⑤ ㄱ, ㄴ, ㄷ

solution 문제풀이

15 자연수 n에 대하여 직선 $y=n$이 두 함수 $y=\log_a x$, $y=\log_3 x$의 그래프와 만나는 점을 각각 A_n, B_n이라 하자. 삼각형 $A_n B_{n-1} B_n$과 삼각형 $A_n A_{n-1} B_{n-1}$의 넓이를 각각 S_n, T_n이라 할 때, $\lim\limits_{n \to \infty} \dfrac{S_n}{T_n}$의 값은?

[4점]

① $\dfrac{3}{2}$ ② 2

③ $\dfrac{5}{2}$ ④ 3

⑤ $\dfrac{7}{2}$

16 두 집합
$$A=\{(x,\,y)\,|\,x^2+y^2 \leq 2\},$$
$$B=\{(x,\,y)\,|\,y \geq x^2\}$$
에 대하여 $(x,\,y)$가 $A \cap B$의 원소일 때, $x+2y$의 최댓값과 최솟값이 각각 M, m이다. M^2-m의 값은?

[4점]

① $\dfrac{81}{8}$ ② $\dfrac{41}{4}$

③ $\dfrac{83}{8}$ ④ $\dfrac{21}{2}$

⑤ $\dfrac{85}{8}$

17 좌석의 수가 **50**인 어느 식당에서 예약한 사람이 예약을 취소하는 경우가 **10명 중 1명꼴**이라고 한다. **52명**이 예약했을 때, 좌석이 부족하게 될 확률은 $p \times 0.9^{52}$이다. p의 값은?

[4점]

① $\dfrac{61}{9}$ ② 7

③ $\dfrac{65}{9}$ ④ $\dfrac{67}{9}$

⑤ $\dfrac{23}{3}$

solution 문제풀이

18 미분가능한 함수 $f(x)$가

$$f(x) = \begin{cases} ax^3+bx^2+cx+1 & (x<1) \\ 1 & (x=1) \\ p(x-2)^3+q(x-2)^2 & (x>1) \\ \quad +r(x-2)+5 \end{cases}$$

이고 $g(x)=f'(x)$라 할 때, 함수 $g(x)$가 다음 조건을 만족한다.

(가) $g(x)$는 $x=1$에서 미분가능하다.
(나) $g'(0)=g'(2)=0$

$\displaystyle\int_0^1 f(x)\,dx$의 값은? [5점]

① $\dfrac{1}{2}$ ② $\dfrac{3}{4}$

③ 1 ④ $\dfrac{5}{4}$

⑤ $\dfrac{3}{2}$

solution 문제풀이

19 한 변의 길이가 1인 정사각형 ABCD가 있다. 점 P는 B를 출발하여 매초 1의 속력으로 정사각형 ABCD의 변을 따라 B → C → D → A의 방향으로 움직이고, 점 Q는 C를 출발하여 매초 $\dfrac{2}{3}$의 속력으로 정사각형 ABCD의 변을 따라 C → D → A → B의 방향으로 움직인다. 두 점 P, Q가 각각 B, C에서 동시에 출발한 후 시각 t초일 때 삼각형 APQ의 넓이를 $f(t)$라 하자. 〈보기〉에서 옳은 것만을 있는 대로 고른 것은? $\left(\text{단, } 0 \leq t \leq \dfrac{3}{2}\right)$ [5점]

─── 〈보기〉 ───

ㄱ. $f(t)$는 구간 $\left(0, \dfrac{3}{2}\right)$에서 미분가능하다.

ㄴ. $f(t)$는 $t = \dfrac{3}{4}$에서 극솟값을 갖는다.

ㄷ. $f(t)$는 $t = 1$에서 극댓값을 갖는다.

① ㄱ   ② ㄴ

③ ㄱ, ㄷ   ④ ㄴ, ㄷ

⑤ ㄱ, ㄴ, ㄷ

Solution 문제풀이

20 정삼각형 ABC 내부의 점 P로부터 각 꼭짓점까지의 거리가 각각 4, 2, $2\sqrt{3}$일 때, 삼각형 ABC의 한 변의 길이는? [5점]

① $\sqrt{29}$ ② $2\sqrt{7}$

③ $3\sqrt{3}$ ④ $\sqrt{26}$

⑤ 5

solution 문제풀이

[21~25] 각 문항의 답을 답안지에 기재하시오.

21 방정식 $4x^3 + 1003x + 1004 = 0$의 세 근을 α, β, γ라 할 때, $(\alpha+\beta)^3 + (\beta+\gamma)^3 + (\gamma+\alpha)^3$의 값을 구하시오. [3점]

solution 문제풀이

22 원 $x^2+y^2=1$에 내접하는 정96각형의 각 꼭짓점의 좌표를 $(a_1,\ b_1),\ (a_2,\ b_2),\ \cdots,$ $(a_{96},\ b_{96})$이라 할 때, $\displaystyle\sum_{n=1}^{96} a_n^2$의 값을 구하시오. [4점]

> solution 문제풀이

23 백의 자리의 수, 십의 자리의 수, 일의 자리의 수가 이 순서대로 등차수열을 이루는 세 자리의 자연수의 개수를 구하시오. [4점]

> solution 문제풀이

24 두 개의 주사위를 던져 나오는 눈의 수 중 크거나 같은 수를 확률변수 X라 할 때, $E(6X)=\dfrac{p}{q}$이다. $p+q$의 값을 구하시오. (단, p, q는 서로소인 자연수) [4점]

---- Solution 문제풀이 ----

25 직선 l이 함수 $f(x)=x^4-2x^2-2x+3$의 그래프와 서로 다른 두 점에서 접할 때, 직선 l과 곡선 $y=f(x)$로 둘러싸인 영역의 넓이가 A이다. $30A$의 값을 구하시오. [5점]

---- Solution 문제풀이 ----

MeMo

MeMo

MeMo

MeMo

2025

KOREAN NATIONAL POLICE UNIVERSITY

경찰대학 기출문제

수 학

2024~2015

10
개년

연차별 동형
기출문제

정답 및 해설

빠른 정답찾기 🔍

2024 학년도

01 ②	02 ⑤	03 ⑤	04 ②	05 ③	06 ①	07 ①	08 ④	09 ①	10 ②
11 ①	12 ④	13 ③	14 ④	15 ②	16 ③	17 ③	18 ②	19 ①	20 ⑤
21 4	22 31	23 9	24 118	25 78					

2023 학년도

01 ①	02 ④	03 ③	04 ⑤	05 ①	06 ③	07 ④	08 ⑤	09 ⑤	10 ③
11 ②	12 ④	13 ②	14 ③	15 ③	16 ①	17 ①	18 ②	19 ④	20 ②
21 146	22 250	23 7	24 14	25 34					

2022 학년도

01 ④	02 ②	03 ③	04 ④	05 ①	06 ②	07 ③	08 ①	09 ①	10 ④
11 ⑤	12 ③	13 ⑤	14 ④	15 ②	16 ⑤	17 ③	18 ⑤	19 ②	20 ①
21 12	22 49	23 21	24 5	25 217					

2021 학년도

01 ⑤	02 ②	03 ①	04 ③	05 ④	06 ①	07 ③	08 ③	09 ①	10 ②
11 ⑤	12 ①	13 ④	14 ③	15 ②	16 ③	17 ①	18 ②	19 ④	20 ⑤
21 480	22 13	23 973	24 31	25 3					

2020 학년도

01 ②	02 ①	03 ④	04 ④	05 ③	06 ③	07 ⑤	08 ①	09 ④	10 ②
11 ⑤	12 ③	13 ③	14 ①	15 ④	16 ②	17 ②	18 ⑤	19 ⑤	20 ③
21 2	22 4	23 202	24 17	25 23					

빠른 정답찾기

2019 학년도

01 ②	02 ④	03 ⑤	04 ④	05 ④	06 ③	07 ②	08 ②	09 ⑤	10 ⑤
11 ①	12 ④	13 ⑤	14 ③	15 ①	16 ⑤	17 ①	18 ②	19 ①	20 ③
21 7	22 13	23 172	24 3	25 40					

2018 학년도

01 ②	02 ①	03 ④	04 ③	05 ②	06 ④	07 ①	08 ①	09 ②	10 ⑤
11 ③	12 ②	13 ⑤	14 ④	15 ⑤	16 ④	17 ①	18 ③	19 ①	20 ⑤
21 9	22 297	23 81	24 20	25 57					

2017 학년도

01 ④	02 ③	03 ②	04 ③	05 ②	06 ①	07 ④	08 ②	09 ④	10 ③
11 ②	12 ⑤	13 ③	14 ⑤	15 ②	16 ③	17 ①	18 ④	19 ⑤	20 ①
21 150	22 325	23 510	24 15	25 120					

2016 학년도

01 ①	02 ③	03 ②	04 ②	05 ①	06 ③	07 ④	08 ①	09 ④	10 ⑤
11 ①	12 ③	13 ⑤	14 ②	15 ⑤	16 ③	17 ⑤	18 ①	19 ③	20 ③
21 270	22 19	23 55	24 37	25 125					

2015 학년도

01 ④	02 ③	03 ②	04 ④	05 ②	06 ⑤	07 ①	08 ⑤	09 ③	10 ⑤
11 ③	12 ③	13 ③	14 ④	15 ④	16 ①	17 ①	18 ②	19 ④	20 ②
21 753	22 48	23 45	24 167	25 32					

2024학년도 기출문제 정답 및 해설

2024학년도 [수학] 정답 및 해설

[수학] 2024학년도 | 정답

01	②	02	⑤	03	⑤	04	②	05	③
06	①	07	①	08	④	09	①	10	②
11	①	12	④	13	③	14	④	15	②
16	③	17	③	18	②	19	①	20	⑤
21	4	22	31	23	9	24	118	25	78

[수학] 2024학년도 | 해설

01 로그 ②

$\log_{\frac{1}{2}} x = a$라 하자. 그러면

$(a-2) \times \frac{1}{2} a < 4$, $a^2 - 2a - 8 < 0$에서

$-2 < a < 4$이다.

치환한 a를 다시 바꾸면 $-2 < \log_{\frac{1}{2}} x < 4$이므로,

$\frac{1}{16} < x < 4$이고 이를 만족하는 자연수 x는 1, 2, 3의 3개이다.

02 함수의 극한 ⑤

$\lim_{x \to 1-} (f \circ f)(x) = f(1) = 2$이고

$\lim_{x \to -\infty} \left(-2 - \frac{1}{x+1} \right) = \lim_{x \to 2+} f(x) = 2$이므로,

$\lim_{x \to 1-} (f \circ f)(x) + \lim_{x \to -\infty} f \left(-2 - \frac{1}{x+1} \right) = 2 + 2 = 4$

03 삼각함수 ⑤

ㄱ. $\tan \frac{3\pi}{2} x$의 주기는 $\frac{2}{3}$, $-\sin 2\pi x$의 주기는 1이므로, 이 함수의 주기는 둘의 최소공배수인 2이다. 그러므로 ㄱ은 참이다.

ㄴ. $\cos 2\pi x$의 주기는 1, $\sin \frac{4}{3} \pi x$의 주기는 $\frac{3}{2}$이므로, 이 함수의 주기는 둘의 최소공배수인 3이다. 그러므로 ㄴ도 참이다.

ㄷ. $\sin \pi x$의 주기는 2, $\left| \cos \frac{3\pi}{2} x \right|$의 주기는 $\frac{2}{3}$이므로, 이 함수의 주기는 둘의 최소공배수인 2이다. 그러므로 ㄷ도 참이다.

04 부정적분 ②

조건 (가)에서, 양변을 미분하면
$xf'(x) = 3x^2 + 6x$, $f'(x) = 3x + 6$이다.
또한 조건 (나)에서, 양변을 미분하면
$g'(x) = xf(x)$이다.

$g'(2) = 0$이므로, 이를 대입하면
$2f(2) = 0$에서 $f(2) = 0$이다.
$f'(x) = 3x + 6$이므로 이를 적분하면
$f(x) = \frac{3}{2} x^2 + 6x + C$인데, $f(2) = 0$이므로

$f(x) = \frac{3}{2} x^2 + 6x - 18$이다.

그러므로 $f(-2) = 6 - 12 - 18 = -24$

05 거듭제곱 ③

조건 (가)에서, $b^2=-\sqrt{8a}$이므로 $b^4=8a^2$이다.

또한 조건 (나)에서 $\left(a^{\frac{2}{3}}b\right)^2=a^2b^3=\dfrac{b^4}{8}\times b^3=-16$,

$b^7=-2^7$이므로 $b=-2$이고, $a=\dfrac{b^2}{-\sqrt{8}}=-\sqrt{2}$이다.

그러므로 $a^3-2b=(-\sqrt{2})^3+4=4-2\sqrt{2}$

06 정적분 ①

$g(x)$는 $f(x)$의 역함수이므로, $f(x)$는 $x=b$, $x=2b$에서 $y=x$
와 만난다.

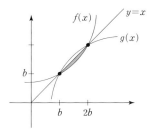

$f(x)$와 $g(x)$는 이러한 형태이며, 이때

$\displaystyle\int_b^{2b}\{g(x)-f(x)\}dx$는 $f(x)$와 $g(x)$로 둘러싸인 면적이
므로 $f(x)$와 $y=x$로 둘러싸인 면적(색칠한 면적)의 두배
이다.

즉, $\displaystyle\int_b^{2b}\{g(x)-f(x)\}dx=2\int_b^{2b}(x-f(x))dx$이다.

$f(x)$와 $y=x$는 $x=b$, $x=2b$를 근으로 가지므로

$f(x)-x=\dfrac{1}{12}(x-b)(x-2b)$,

$f(x)=\dfrac{x^2}{12}-\dfrac{b}{4}x+x+\dfrac{b^2}{6}$이다.

또한 문제조건에서 $f(x)=\dfrac{x^2}{12}+\dfrac{x}{2}+a$이므로

$b=2$, $a=\dfrac{2}{3}$이다. 그러므로,

$2\displaystyle\int_b^{2b}(x-f(x))dx=2\int_2^4\left(-\dfrac{1}{12}x^2+\dfrac{x}{2}-\dfrac{2}{3}\right)dx=\dfrac{2}{9}$

07 삼각함수 ①

3θ가 1사분면의 각이므로 가능한 경우는

1) $0<3\theta<\dfrac{\pi}{2}$인 경우

이 때는 $0<4\theta<\dfrac{2\pi}{3}$이므로, 4θ가 2사분면에 존재할 수
있다.

2) $2\pi<3\theta<\dfrac{5\pi}{2}$인 경우

이 때는 $\dfrac{8\pi}{3}<4\theta<\dfrac{10\pi}{3}$이므로, 4θ가 2사분면에 존재할 수
있다.

3) $4\pi<3\theta<\dfrac{9\pi}{2}$인 경우

이 때는 $\dfrac{16\pi}{3}<4\theta<6\pi$이므로, 4θ가 2사분면에 존재할 수
없다.

4) $6\pi<3\theta<\dfrac{13\pi}{2}$인 경우부터는, 1,2,3의 경우가 반복해서 나
타나므로 생략한다.

그러므로 가능한 경우는 1)과 2)뿐이고,

1)의 경우 $0<\theta<\dfrac{\pi}{6}$이므로 θ는 1사분면의 각이고,

2)의 경우 $\dfrac{2\pi}{3}<\theta<\dfrac{5\pi}{6}$이므로 θ는 2사분면의 각이다.

$$m+n=1+2=3$$

08 수열 ④

주어진 식의 양변에 $2a_n$을 곱하면

$a_n^2-2=2\sqrt{n-1}a_n$, $a_n^2-2\sqrt{n-1}a_n-2=0$

$a_n=\sqrt{n-1}\pm\sqrt{n+1}$인데 a_n의 모든 항이 음수이므로

$a_n=\sqrt{n-1}-\sqrt{n+1}$이다.

그러므로 $\displaystyle\sum_{n=1}^{99}a_n=a_1+a_2+\cdots+a_{99}$

$=(\sqrt{0}-\sqrt{2})+(\sqrt{1}-\sqrt{3})+\cdots+(\sqrt{98}-\sqrt{100})$

$=\sqrt{0}+\sqrt{1}-\sqrt{99}-\sqrt{100}=-9-3\sqrt{11}$

09 함수의 극한과 연속 ①

조건 (가)에서, $x=0$을 대입하면 $f(0)=\dfrac{1}{2}$이다.

조건 (나)에서, $g(x)$가 $x=2$와 $x=-1$에서 연속이므로 극한값
이 존재한다.

그러므로 $2f(2)-7=0$, $2f(-1)-7=0$에서

$f(2)=f(-1)=\dfrac{7}{2}$이다.

이를 다시 조건 (가)에 대입하면

정답 및 해설

$f(-2)=f(1)=-\dfrac{5}{2}$이다.

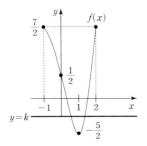

앞서 구한 점들을 지나도록 $f(x)$를 그려보면 대략적으로 위와 같은 형태를 띠게 된다.

이때 $y=k$가 $(0, 2)$에서 $f(x)$와 두 번 이상 만나도록 하는 정수 k는 $0, -1, -2$의 3개이다.

10 적분법 ②

$f(x)$는 $(2, 0)$를 지나면서 기울기가 $2, 4$인 함수이므로, 이를 x축에 대하여 접어 올린 $|f(x)|$는 다음과 같이 그려진다.

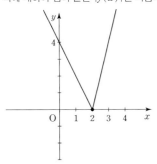

이때 $g(t)$는 $|f(x)|$를 $t-1$부터 $t+2$까지, 길이 3만큼 적분한 것이므로 $g(t)$의 최소값은,

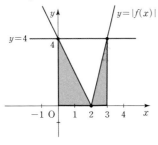

이와 같이 $x=2$를 기준으로 양쪽 직선의 높이가 같아지는 순간이다.

이때 $t=a=1$, $g(t)=3\times4-\dfrac{1}{2}\times3\times4=b=6$이므로

$$a+b=1+6=7$$

11 미분법 ①

점 P의 위치 $x(t)$를 미분하면 속도 $v(t)$를 얻는다.
즉, $v(t)=3t^t-12at+9a^2=3(t-a)(t-3a)$이다.

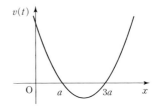

그러므로 $v(t)$는 이와 같은 형태이며
조건 (가)에서 점 P의 운동 방향이 최초로 바뀌는
$t=a$까지 변위가 32이므로 $\int_0^a v(t)dt=32$이다.

그런데 이차함수의 성질에 의해

$$\int_0^a v(t)dt=\left|\int_a^{3a} v(t)dt\right|=32$$이므로,

$\dfrac{3}{6}\times8a^3=32$에서 $a=2$이다.

$v(t)$를 미분하면 가속도 $a(t)$를 얻는데,
$a(t)=6t-24$이므로 $t=4$에서 가속도가 0이 된다.
이때의 변위는 $\int_0^4 v(t)dt=+32-\dfrac{1}{2}\times32=16$이므로

이때의 위치는 $x(0)+16=b+16=36$이므로
$b=20$이다.
그러므로 $b-a=20-2=18$

12 함수의 연속 ④

$f(x)$가 실수 전체에서 연속이므로
$$\lim_{x\to5}f(x)=\lim_{x\to5}\frac{x^2+ax+b}{x-5}=\lim_{x\to5}\frac{(x-5)\left(x-\frac{b}{5}\right)}{x-5}$$
$=5-\dfrac{b}{5}=7$, $b=-10$이므로 $f(x)=x+2\ (x\ne5)$이다.
그러면 $g(x)=\sqrt{2-x}\ (x<1)$, $x+2\ (x\ge1)$이고,
$h(x)=|(x+2)^2+a|-11$이다.

$g(x)h(x)$이 실수 전체에서 연속이므로
$\lim_{x\to-1^-}g(x)h(x)=\lim_{x\to-1^+}g(x)h(x)$,
$|9+a|-11=3\times(|9+a|-11)$이다.
즉 $|9+a|-11=0$에서 $a=2, -20$
그러므로 모든 a값의 곱은 -40

13 삼각함수 ③

조건 (가)에서
$$(\cos^2 A - 1) + (\cos^2 B - 1) - (\cos^2 C - 1) = 0,$$
$$-\sin^2 A - \sin^2 B + \sin^2 C = 0, \ \sin^2 C = \sin^2 A + \sin^2 B.$$
$$\left(\frac{c}{2R}\right)^2 = \left(\frac{a}{2R}\right)^2 + \left(\frac{b}{2R}\right)^2, \ c^2 = a^2 + b^2$$이므로

$\triangle ABC$는 $\angle C = \dfrac{\pi}{2}$인 직각삼각형이다.

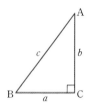

이때 조건 (나)에서
$$2\sqrt{2}\frac{b}{c} + 2\frac{a}{c} = 2\sqrt{3}, \ \sqrt{2}b + a = 3c,$$
$$2b^2 + a^2 + 2\sqrt{2}ab = 3c^2 = 3a^2 + 3b,$$
$$(\sqrt{2}a - b)^2 = 0, \ \sqrt{2}a = b$$이다.

이때 외접원의 반지름의 길이 $R = 3$이므로
$c = 2R = 6, \ a^2 + b^2 = 3a^2 = c^2 = 36$이고
$a = 2\sqrt{3}, \ b = 2\sqrt{6}$이다.
그러므로 $\triangle ABC = \dfrac{1}{2} \times 2\sqrt{3} \times 2\sqrt{6} = 6\sqrt{2}$

14 부정적분 ④

조건 (가)에서, 극한값이 존재하므로 분자는 5차 다항함수가 되어야 한다. $f(x)$와 $F(x)$의 최고차항끼리 곱한 항이 5차항이므로, $f(x)$는 이차함수이다.

$f(x) = ax^2 + bx + c, \ F(x) = \dfrac{a}{3}x^3 + \dfrac{b}{2}x^2 + cx + C$라 하면 조건 (가)에서,

$$\lim_{x \to \infty} \frac{\{F(x) - x^2\}\{f(x) - 2x\}}{x^5} = \lim_{x \to \infty} \frac{\frac{a^2}{3}x^5 + \cdots}{x^5} = \frac{a^2}{3}$$
$= 3, \ a = 3$이다.
또한 조건 (나)에서, $f(0) = 2$이고 $f'(0) = 2$이므로
$b = 2, \ c = 2$이다.
또한 조건 (다)에서
$f(0)F(0) = 2F(0) = 4, \ F(0) = 2$이므로 $C = 2$이다.

$y = F(x) - f(x) = x^3 - 2x^2 = x^2(x - 2)$이므로

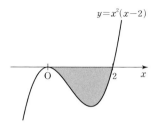

구하는 넓이는 색칠한 부분의 넓이이며
삼차함수의 성질에 의해 색칠한 부분의 넓이는

$$\frac{1}{12} \times 2^4 = \frac{4}{3}$$

15 수열 ②

조건 (나)에서 $7a_n > 5a_{n+1}, \ \dfrac{7}{5} > \dfrac{a_{n+1}}{a_n}$이다.

또한 조건 (다)에서 $\dfrac{a_{n+1}}{a_n} = A$로 치환하면

$$2\sin^2 A - 5\sin\left(\frac{\pi}{2} + A\right) + 1 = 2\sin^2 A - 5\cos A + 1 = 0,$$
$$2(1 - \cos^2 A) - 5\cos A + 1 = 0,$$
$$2\cos^2 A + 5\cos A - 3 = 0$$이므로 $\cos A = \dfrac{1}{2}, \ A = \dfrac{\pi}{3}$이다.

즉, $a_{n+1} = \dfrac{\pi}{3}a_n$이다.

$a_2 = \pi$이므로 $a_4 = \dfrac{\pi^3}{3^2}, \ a_6 = \dfrac{\pi^5}{3^4}$이다.

그러므로 $\dfrac{(a_4)^5}{(a_6)^3} = \dfrac{\dfrac{\pi^{15}}{3^{10}}}{\dfrac{\pi^{15}}{3^{12}}} = 9$

16 도함수 ③

부등식의 좌변을 $y = 2ax^3 - 3(a+1)x^2 + 6x$라 하자.
$y' = 6ax^2 - 6(a+1)x + 6 = 6(ax - 1)(x - 1)$이므로
1) $a < 1$인 경우

$a < 1$이므로 $\dfrac{1}{a} > 1$이다. 그러므로 이때의 y'은

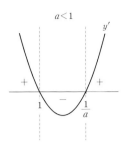

위와 같이 나타난다. 이때 $0 \leq x \leq 1$에서 y는 증가함수이므로, 이 구간에서 y의 최대값은 $x=1$일 때이다.

$x=1$을 대입하면 $2a-3a-3+6=3-a$이므로

$3-a \leq 1$, $2 \leq a$에서 모순이 발생하므로 이 경우는 부등식을 만족시키는 a가 존재하지 않는다.

2) $a=1$인 경우

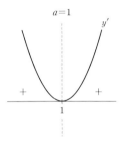

$a=1$인 경우 y'은 $x=1$에서 중근을 가지며 첫 번째 경우와 마찬가지로 $0 \leq x \leq 1$에서 y는 증가함수이므로, 이 구간에서 y의 최대값은 $x=1$일 때이다.

이 경우 a의 범위는 첫 번째와 같이 $2 \leq a$가 나오며 모순이 발생하기 때문에 이 경우에도 부등식을 만족시키는 a가 존재하지 않는다.

3) $a>1$인 경우

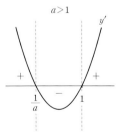

$a>1$인 경우 $\frac{1}{a}<1$이므로 y는 $0 \leq x \leq 1$에서

$0 \leq x \leq \frac{1}{a}$까지는 증가하다가 $\frac{1}{a}<x \leq 1$에서는 감소하게 되

므로 이 구간에서 y의 최대값은 $x=\frac{1}{a}$일 때이다. 이를 대입

하면

$\dfrac{2}{a^2}-\dfrac{3(a+1)}{a^2}+\dfrac{6}{a}=\dfrac{3a-1}{a^2}$이므로,

$\dfrac{3a-1}{a^2} \leq 1$, $3a-1 \leq a^2$, $a^2-3a+1 \geq 0$에서

$a \geq \dfrac{3+\sqrt{5}}{2}$, $a \leq \dfrac{3-\sqrt{5}}{2}$인데,

이 경우는 $a>1$이므로

a의 최소값은 $\dfrac{3+\sqrt{5}}{2}$

17 함수의 극한 ③

조건 (가)에서

$$\lim_{x \to \infty}(\sqrt{(a-b)x^2+ax}-x)=\lim_{x \to \infty}\frac{(a-b-1)^2+ax}{\sqrt{(a-b)x^2+ax}+x}$$
$$=\lim_{x \to \infty}\frac{(a-b-1)x+a}{\sqrt{(a-b)+\dfrac{a}{x}}+1}=c$$이므로,

$a-b=1$이고 $\dfrac{a}{2}=c$이다.

조건 (나)에서 $b=a-1$을 대입하면

$$\lim_{x \to -\infty}(ax-(a-1)-\sqrt{-ax^2-4x})$$
$$=\lim_{x \to -\infty}(-ax-(a-1)-\sqrt{-ax^2+4x})$$
$$=\lim_{x \to -\infty}\frac{(a^2+a)x^2+\{2a(a-1)-4\}x+(a-1)^2}{-ax-(a-1)+\sqrt{-ax^2+4x}}$$
$$=\lim_{x \to -\infty}\frac{(a^2+a)x+\{2a(a-1)-4\}+\dfrac{(a-1)^2}{x}}{-a-\dfrac{(a-1)}{x}+\sqrt{-a+\dfrac{4}{x}}}=d$$인데,

분모의 최고차항의 계수가 0이므로 극한값이 존재하려면 분자의 최고차항의 계수도 0이어야 한다.

즉, $a^2+a=0$인데 $a \neq 0$이므로 $a=-1$이다.

그러면 $b=a-1=-2$, $c=\dfrac{a}{2}=-\dfrac{1}{2}$이다.

$a=-1$을 위 극한값에 대입하면 $d=0$이다.

그러므로 $a+b+c+d=-1-2-\dfrac{1}{2}+0=-\dfrac{7}{2}$

18   수열의 합   ②

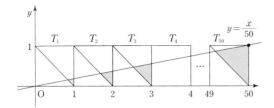

a_{50}은 다음과 같이 $y=\dfrac{1}{50}x$를 그렸을 때,
색칠한 영역들의 넓이의 합을 나타낸다.

각 삼각형의 넓이를 Sn이라 하면
$S_1=\dfrac{1}{2}\times\dfrac{1}{50}\times\dfrac{1}{51}$, $S_2=\dfrac{1}{2}\times\dfrac{2}{50}\times\dfrac{2}{51}$, …이므로
$$a_{50}=\sum_{k=1}^{50}\left(\dfrac{1}{2}\times\dfrac{k}{50}\times\dfrac{k}{51}\right)$$
$$=\dfrac{1}{2}\times\dfrac{1}{50}\times\dfrac{1}{51}\times\dfrac{50\times51\times101}{6}=\dfrac{101}{12}$$

19   함수의 극한   ①

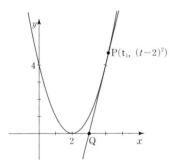

$f'(x)=2(x-2)$이므로 점 P에서의 접선의 방정식은
$y=2(t-2)(x-t)+(t-2)^2$이고, Q의 좌표는
$\left(\dfrac{t+2}{2},\,0\right)$이다.

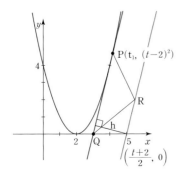

또한 $y=2(t-2)(x-5)$는 $(5,\,0)$을 지나면서 이 접선과 기울기가 동일한 직선인데,
이때 ΔPQR의 높이 h는 $\overrightarrow{PQ}$와 $(5,\,0)$사이의 거리와 같으므로
$$S(t)=\dfrac{1}{2}\times\overline{PQ}\times h$$
$$=\dfrac{1}{2}\times\sqrt{\left(\dfrac{t-2}{2}\right)^2+(t-2)^4}\times\dfrac{-(t-2)(t-8)}{\sqrt{4(t-2)^2+1}}\text{이다.}$$

이를 대입하면 $\displaystyle\lim_{t\to2+}\dfrac{S(t)}{(t-2)^2}$
$$=\lim_{t\to2+}\dfrac{\dfrac{1}{2}\times\sqrt{\left(\dfrac{t-2}{2}\right)^2+(t-2)^4}\times\dfrac{-(t-2)(t-8)}{\sqrt{4(t-2)^2+1}}}{(t-2)^2}$$
$$=\lim_{t\to2+}\dfrac{1}{2}\times\sqrt{\left(\dfrac{1}{2}\right)^2+(t-2)^2}\times\dfrac{-(t-8)}{\sqrt{4(t-2)^2+1}}$$
$$=\dfrac{1}{2}\times\dfrac{1}{2}\times6=\dfrac{3}{2}$$

20   삼각함수   ⑤

$\sin x=t$라 하면
$f(x)=2(1-\sin^2x)-|1+2\sin x|-2|\sin x|+2$
$=2(1-t^2)-|1+2t|-2|t|+2$이다.

t의 값에 따라 범위를 나눠 y를 구해보면

1) $t<-\dfrac{1}{2}$인 경우 $y=-2t^2+4t+5$가 되고,

2) $-\dfrac{1}{2}\le t<0$인 경우 $y=-2t^2+3$이 되고,

3) $t\ge0$인 경우 $y=-2t^2-4t+3$이 된다.

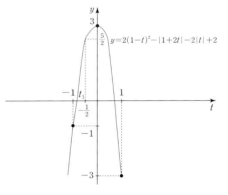

그러므로 t의 값에 따른 y는 이런 형태를 띄게 된다.
이때 $t=\sin x$이므로 $-1\le t\le1$인데,

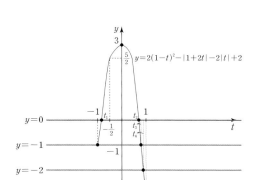

y가 0 이하의 정수가 되도록 하는 t는
$-1, t_1, t_2, t_3, t_4, 1$이다.

문제조건을 만족하는 t가 $-1, t_1, t_2, t_3, t_4, 1$이므로,
$\sin x$가 $-1, t_1, t_2, t_3, t_4, 1$이면 된다.

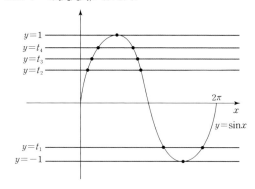

x에 대한 그래프를 그려 보면,
이를 만족하는 x의 개수는 10개이다.

21   도함수의 활용   4

$g(x)$가 실수 전체에서 연속이므로
$\lim_{x \to 1-} g(x) = \lim_{x \to 1+} g(x)$, $f(1) = -f(1)$, $f(1) = 0$이다.
또한 $g(x)$가 실수 전체에서 미분가능하므로
$\lim_{x \to 1-} g'(x) = \lim_{x \to 1+} g'(x)$, $f'(1) = -f'(1)$, $f'(1) = 0$이다.
$g(x)$가 $x = -1$에서 극값을 가지므로
$g'(-1) = f'(-1) = 0$이다.
이때 $f(x)$는 최고차항의 계수가 1인 삼차함수이므로 $f'(x)$는 최고차항의 계수가 3인 이차함수이다.
$f'(1) = 0$, $f'(-1) = 0$이므로
$f'(x) = 3(x+1)(x-1)$이다.

이를 부정적분하면 $f(x) = x^3 - 3x + C$인데
$f(1) = 0$이므로 $C = 2$, $f(x) = x^3 - 3x + 2$이다.
$f(x)$는 $x = -1$에서 극댓값을 가지므로
$f(x)$의 극댓값은 $f(-1) = -1 + 3 + 2 = 4$

22   미분법   31

조건 (가)에서 $2f(x) - (x+2)f'(x) - 8 = 0$이 항등식이므로,
최고차항이 사라지려면 $f(x)$는 이차함수이어야 한다.
$f(x) = ax^2 + bx + c$로 놓으면 $f'(x) = 2ax + b$이므로
두 식을 대입하면
$2(ax^2 + bx + c) - (x+2)(2ax + b) - 8 = 0$,
$(b-4a)x + 2c - 2b - 8 = 0$에서
$b - 4a = 0$이므로 $a = \frac{1}{4}b$이고,
$2c - 2b - 8 = 0$이므로 $c = b + 4$이다.
즉, $f(x) = \frac{b}{4}x^2 + bx + b + 4$.

조건 (나)에서
$$\frac{f(0) - f(3)}{0 - (-3)} = \frac{(b+4) - \left(\frac{9}{4}b - 3b + b + 4\right)}{3} = \frac{1}{4}b = 3$$
이므로 $b = 12$, $f(x) = 3x^2 + 12x + 16$이다.
그러므로 $f(1) = 3 + 12 + 16 = 31$

23   함수와 그래프   9

$\sqrt{3^x} + \sqrt{3^{-x}} = A$라 하자.
산술, 기하 평균의 관계에 의해 $\sqrt{3^x} + \sqrt{3^{-x}} \geq 2$이므로 $A \geq 2$이다.
$3^x + 3^{-x} + 2 = A^2$, $3^x + 3^{-x} = A^2 - 2$이므로
주어진 방정식은
$A^2 - 2A - |k-2| + 5 = 0$이 된다.

이 방정식을 다시 써보면,
$A^2 - 2A = |k-2| - 5$이므로

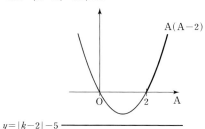

$A≥2$에서 $y=A(A-2)$와 $y=|k-2|-5$가 실근을 갖지 않으려면, $|k-2|-5<0$이면 된다.

그러므로 $-3<k<7$이다.

즉, 주어진 방정식이 실근을 갖지 않도록 하는 정수 k는 $-2, -1, \cdots, 6$로 9개이다.

24   등차수열   118

b_n이 등차수열이므로 $b_n=2_n-2+b_1$이다.

이를 주어진 식에 대입하면

$n(n+1)(2n-2+b_1)=\sum_{k=1}^{n}(n-k+1)a_k$를 얻는다.

또한 n대신 $n-1$을 대입하면

$(n-1)n(2n-4+b_1)=\sum_{k=1}^{n-1}(n-k)a_k$를 얻는다.

그러면, 위 식에서 아래 식을 빼 주면

$n(6n-6+2b_1)=\sum_{k=1}^{n}a_k$이다.

a_n의 합이 상수항이 없는 이차함수꼴이므로

a_n은 등차수열이고, $a_n=12n-12+2b_1$이다.

$a_5=58$이므로, $b_1=50$이고, $a_n=12n-20$이다.

그러므로 $a_{10}=120-2=118$

25   지수함수   78

$y=\dfrac{1}{2^a}\times4^x-a=4^{x-\frac{1}{2}a}-a$이므로, 이 함수는

$y=4^x$를 x축으로 $\dfrac{1}{2}a$만큼, y축으로 $-a$만큼 평행이동한 것이다.

그러면 주어진 함수들로 둘러싸인 면적은 교점으로 이루어진 평행사변형의 넓이와 같게 된다.

이때 $y=4^x$에서 $y=4^{x-\frac{1}{2}a}-a$로 평행이동한 거리를 d,

두 직선 간 거리를 h라 하면 평행사변형의 넓이

$S=dh=30$이다.

d는 가로가 $\dfrac{1}{2}a$, 세로가 a인 직각삼각형의 빗변의 길이이므로

$d=\dfrac{\sqrt{5}}{2}a$이고,

h는 $(0,-\log b)$와 $y=-2x+\log c$ 사이의 거리 공식을 써서

계산하면 $h=\dfrac{1}{\sqrt{5}}(\log b+\log c)$를 얻는다.

즉, $\dfrac{\sqrt{5}}{2}a\times\dfrac{1}{\sqrt{5}}(\log b+\log c)=3$, $a\times\log bc=6$이다.

$a\times\log bc=6$을 만족하는 경우는

1) $a=1$인 경우

  $\log bc=6$, $bc=10^6=2^6\times5^6$이므로

  약수의 개수는 $7\times7=49$개이므로

  (b, c)순서쌍은 49개이다.

2) $a=2$인 경우

  $\log bc=3$, $bc=10^3=2^3\times5^3$이므로

  약수의 개수는 $4\times4=16$개이므로

  (b, c)순서쌍은 16개이다.

3) $a=3$인 경우

  $\log bc=2$, $bc=10^2=2^2\times5^2$이므로

  약수의 개수는 $3\times3=9$개이므로

  (b, c)순서쌍은 9개이다.

4) $a=6$인 경우

  $\log bc=1$, $bc=10=2\times50$이므로

  약수의 개수는 $2\times2=4$개이므로

  (b, c)순서쌍은 4개이다.

이상에서 모든 순서쌍 (a, b, c)의 개수는

$49+16+9+4=78$개이다.

2023학년도 기출문제 **정답 및 해설**

01 ①	02 ④	03 ③	04 ⑤	05 ①	06 ③
07 ④	08 ⑤	09 ⑤	10 ③	11 ②	12 ④
13 ②	14 ③	15 ③	16 ①	17 ①	18 ②
19 ④	20 ②	21 146	22 250	23 7	24 14
25 34					

01 $\overline{AB}$, $\overline{AC}$의 길이가 각각 3, 5이고 주어진 삼각형의 넓이가 $5\sqrt{2}$이므로

$$5\sqrt{2}=\frac{1}{2}\times 3\times 5\times \sin A,$$

$$\sin A=\frac{2\sqrt{2}}{3}$$

이때, $\sin^2 A+\cos^2 A=1$이므로

$$\frac{8}{9}+\cos^2 A=1,$$

$$\cos A=\frac{1}{3}$$

따라서 코사인법칙을 이용하여 $\overline{BC}$의 길이를 구하면

$$\overline{BC}^2=3^2+5^2-2\times 3\times 5\times \frac{1}{3}=24,$$

$$\overline{BC}=2\sqrt{6}$$

외접원의 반지름의 길이를 R이라 할 때, 사인법칙을 이용하면

$$2R=\frac{2\sqrt{6}}{\sin A},$$

$$\therefore R=\frac{3\sqrt{3}}{3}$$

02 원점에서 출발하는 두 점 P, Q의 시각 t에서의 위치를 각각 $x_P(t)$, $x_Q(t)$라고 하면

$$x_P(t)=\int_0^t 3t^2+2t-4dt=t^3+t^2-4t$$

$$x_Q(t)=\int_0^t 6t^2-6dt=2t^3-3t^2$$

$$t^3+t^2-4t=2t^3-3t^2,$$

$$t^3-4t^2+4t=0,$$

$$t(t-2)^2=0$$

$$\therefore t=2$$

따라서 $t=2$일 때, 두 점이 처음으로 만나므로 이때의 위치는

$$\therefore x_P(2)=x_Q(2)=4$$

03 $x=a$일 때, P, Q, R의 좌표는 각각 $P(a, 4^a)$, $Q(a, 2^a)$, $R\left(a, -\left(\frac{1}{2}\right)^{a-1}\right)$이다.

이때, $\overline{PQ}:\overline{QR}=8:3$이므로 이를 식으로 나타내면

$$4^a-2^a:2^a+\left(\frac{1}{2}\right)^{a-1}=8:3,$$

$$3(4^a-2^a)=8(2^a+2^{1-a}),$$

$$3\times 2^{3a}-11\times 2^{2a}-16=0,$$

$$(2^a-4)(3\times 2^{2a}+2^a+4)=0,$$

$$\therefore a=2$$

04 집합 A에서 $2\le a\le k$이므로 a는 1보다 큰 자연수이다.

따라서 $\log_a b\le 2$, $b\le a^2$

또한, 자연수 k는 $k\ge 2$이므로 $a=2$부터 집합 A에 차례대로 대입하면,

$a=2$일 때, $b\le 4$이므로

$(a, b)=(2, 1), (2, 2), (2, 3), (2, 4):4$개

$a=3$일 때, $b\le 9$이므로

$(a, b)=(3, 1), (3, 2), \cdots, (3, 9):9$개

$a=4$일 때, $b\le 16$이므로

$(a, b)=(4, 1), (4, 2), \cdots, (4, 16):16$개

$a=5$일 때, $b\le 25$이므로

$(a, b)=(5, 1), (5, 2), \cdots, (5, 25):25$개

따라서 $a=1$부터 $a=5$까지 원소의 개수의 합이 54이므로 자연수 a와 k의 최댓값은 5, 자연수 b의 최댓값은 25이다.

$$\therefore 5+25+5=35$$

05 주어진 조건에서 사차함수 $f(x)$가 x^3으로 나누어떨어지므로 $f(x)$는 x^3을 인수로 가져야한다.

$$\therefore f(x)=ax^3(x-b)$$

이때, 함수 $f(x)$는 $x=1$에서 극값 2를 가지므로,

$$f'(1)=0, f(1)=2$$

함수 $f(x)$의 양변을 x에 대해 미분하면

$$f'(x)=3ax^2(x-b)+ax^3$$이므로

$$f'(1)=3a(1-b)+a=0,$$

$$f(1)=a(1-b)=2$$

위의 두 식을 연립하여 a, b를 구하면

$\therefore a = -6, b = \dfrac{4}{3}$

따라서 $f(x) = -6x^3\left(x - \dfrac{4}{3}\right) = -6x^4 + 8x^3$

한편,

$\displaystyle\int_0^2 f(x-1)dx = \int_{-1}^1 f(x)dx$이므로

$\displaystyle\int_{-1}^1 -6x^4 + 8x^3 dx = -2\int_0^1 6x^4 dx$

$\displaystyle \qquad\qquad\qquad = -2 \times \left[\dfrac{6}{5}x^5\right]_0^1$

$\displaystyle \qquad\qquad\qquad = -\dfrac{12}{5}$

06

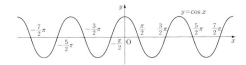

함수 $y = \cos x$그래프에서 $y = 0$을 만족시키는 x값은

$x = \pm\dfrac{\pi}{2}, \pm\dfrac{3\pi}{2}, \pm\dfrac{5\pi}{2}, \pm\dfrac{7\pi}{2}, \cdots$이므로

$\cos\dfrac{(a-b)\pi}{2} = 0$에서 $(a-b) = \pm(홀수)$의 값을 만족시켜야 한다.

따라서 $a^2 + b^2 \leq 13$와 $(a-b) = \pm(홀수)$를 동시에 만족시키는 값을 구하면

$a = 0$일 때, $b^2 \leq 13$이므로 순서쌍 (a, b)는

$(0, 1), (0, -1), (0, 3), (0, -3)$

$a = \pm1$일 때, $b^2 \leq 12$이므로 순서쌍 (a, b)는

$(1, 0), (-1, 0), (1, 2), (-1, 2), (1, -2), (-1, -2)$

$a = \pm2$일 때, $b^2 \leq 9$이므로 순서쌍 (a, b)는

$(2, 1), (-2, 1), (2, -1), (-2, -1), (2, 3), (-2, 3),$
$(2, -3), (-2, -3)$

$a = \pm3$일 때, $b^2 \leq 4$이므로 순서쌍 (a, b)는

$(3, 0), (-3, 0), (3, 2), (-3, 2), (3, -2), (-3, -2)$

$\therefore$ 순서쌍 (a, b)는 총 24개

07 최고차항의 계수가 1인 삼차함수 $f(x)$가 $x=1, x=-1$에서 극값을 가지므로

$\therefore f'(x) = 3(x-1)(x+1), f(x) = x^3 - 3x + C$

(단, C는 적분상수)

한편, $f(x) \leq 9x + 9$에서 부등호의 양변을 함수 $y = f(x)$, 함수 $y = 9x + 9$라 하고, 이를 그래프로 나타내면 다음과 같다.

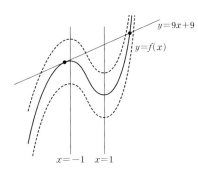

위의 그림에서 $f(x) \leq 9x + 9$의 값을 만족시키는 구간이 $(-\infty, a]$이므로 경우를 나누어 이를 판단하면

(i) 함수 $y = f(x)$와 함수 $y = 9x + 9$의 그래프가 서로 다른 세 점에서 만날 때

함수 $y = f(x)$가 함수 $y = 9x + 9$보다 아래쪽에 위치한 부분이 두 군데 생기므로

$\{x | f(x) \leq 9x + 9\} = (-\infty, a]$의 조건을 만족시키지 않는다.

(ii) 함수 $y = f(x)$와 함수 $y = 9x + 9$의 그래프가 한 점에서 만날 때 (단, a는 양수)

함수 $y = f(x)$가 함수 $y = 9x + 9$보다 아래쪽에 위치한 부분이 한 군데 생기므로

$\{x | f(x) \leq 9x + 9\} = (-\infty, a]$의 조건을 만족시키나 a가 최솟값이 되지 않는다.

(iii) 함수 $y = f(x)$와 함수 $y = 9x + 9$의 그래프가 두 점에서 만날 때 (단, a는 양수)

함수 $y = f(x)$가 함수 $y = 9x + 9$보다 아래쪽에 위치한 부분이 한 군데 생기므로

$\{x | f(x) \leq 9x + 9\} = (-\infty, a]$의 조건을 만족시키며 a가 최솟값이다.

따라서 함수 $y = f(x)$와 함수 $y = 9x + 9$의 그래프가 두 점에서 만날 때, 주어진 조건이 성립하므로 두 함수는 한 점에서 접하고, 다른 한 점에서 만난다.

이때, 접점에서의 접선의 기울기가 9이므로

$f'(x) = 3(x-1)(x+1) = 9, x^2 = 4$

$\therefore x = \pm2$

이때, $x = 2$이면, a의 값이 음수가 되므로 $x = -2$이고, 이때의 교점의 좌표는 $(-2, -9)$이므로 이를 $f(x) = x^3 - 3x + C$에 대입하면 $C = -7$

따라서 두 함수 $y = f(x) = x^3 - 3x - 7$와 $y = 9x + 9$의 교점은

$x^3 - 3x - 7 = 9x + 9, x^3 - 12x - 16 = 0$

$(x+2)^2(x-4) = 0$

$\therefore a = 4$

08 주어진 원 $x^2+y^2=r^2$ 위의 점의 좌표가 (a, b)이므로
$$a^2+b^2=r^2$$
이때, 산술기하평균을 이용하면
$$r^2=a^2+b^2 \geq 2\sqrt{a^2 b^2},$$
$$\therefore \frac{r^2}{2} \geq |ab|$$
한편, $\log_r |ab|$에서 r은 1보다 큰 실수이므로 $|ab|$가 최댓값을 가질 때, $\log_r |ab|$도 최댓값을 갖는다. 따라서
$$f(r)=\log_r \frac{r^2}{2}=2-\log_r 2$$
$$\therefore f(64)=2-\log_{64} 2=2-\frac{1}{6}=\frac{11}{6}$$

09 조건 (나)에서 $\log\{f(1)+f(2)+f(3)\}=\log 12$이므로
$$\therefore f(1)+f(2)+f(3)=12$$
따라서 집합 $A=\{1, 2, 3, 4, 5\}$에서 A로의 함수에서 위의 식이 성립할 수 있도록 하는 $f(1)$, $f(2)$, $f(3)$의 값은 다음과 같다.
(i) $f(1)$, $f(2)$, $f(3)$이 $(5, 5, 2)$로 구성되어 있을 때
　　: 총 3가지
(ii) $f(1)$, $f(2)$, $f(3)$이 $(5, 4, 3)$으로 구성되어 있을 때
　　: 총 6가지
(iii) $f(1)$, $f(2)$, $f(3)$이 $(4, 4, 4)$로 구성되어 있을 때
　　: 총 1가지
한편, 조건 (다)에서 $\log\{f(4)f(5)\} \leq 1$이므로
$$\therefore f(4)f(5) \leq 10$$
따라서 집합 $A=\{1, 2, 3, 4, 5\}$에서 A로의 함수에서 위의 식이 성립할 수 있도록 하는 $f(4)$, $f(5)$의 순서쌍은 다음과 같다.
$$(f(4), f(5))=(1, 1), (1, 2), (1, 3), (1, 4), (1, 5),$$
$$(2, 1), (2, 2), (2, 3), (2, 4), (2, 5),$$
$$(3, 1), (3, 2), (3, 3),$$
$$(4, 1), (4, 2),$$
$$(5, 1), (5, 2)$$
: 총 17가지
이때, 조건 (가)에 의해 함수 값이 같은 $\log f(x)$가 적어도 한 개 이상 존재해야 하므로
조건 (나)에서 구한 (i), (iii)의 값들은 이미 조건 (가)를 만족한다.
반면, (ii)는 $(f(4), f(5))=(1, 2), (2, 1)$일 때, 함수 $\log f(x)$가 일대일함수가 되므로 조건 (가)를 만족시키지 않는다.
따라서 위의 조건을 모두 만족시키는 $f(x)$의 개수는
$$\therefore 3 \times 17+6 \times (17-2)+1 \times 17=158$$

10 주어진 함수 $f(x)$와 직선 $y=mx+4$를 그래프로 나타내면 다음과 같다.

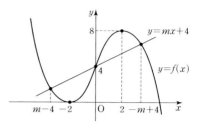

위의 그림에서 $h(m)$은 함수 $f(x)$와 직선 $y=mx+4$로 둘러싸인 영역이다.
이때, 두 영역은 점 $(0, 4)$에 대해 대칭이므로 넓이가 같다.
따라서
$$h(m)=2\int_{m-4}^{0}\{(mx+4)-(x+2)^2\}dx$$
$$=2 \times \frac{|-1|}{6} \times (4-m)^3$$
$$=\frac{(4-m)^3}{3}$$
이때, $h(-2)+h(1)$의 값은
$$\therefore \frac{\{4-(-2)\}^3}{3}+\frac{(4-1)^3}{3}=72+9=81$$

11 주어진 수열 $\{a_n\}$의 일반항을 변형하면
$$a_n=\frac{\sqrt{9n^2-3n-2}+6n-1}{\sqrt{3n+1}+\sqrt{3n-2}}$$
$$=\frac{\sqrt{(3n+1)(3n-2)}+(3n+1)+(3n-2)}{\sqrt{3n+1}+\sqrt{3n-2}}$$
이때, 분자와 분모에 $(\sqrt{3n+1}-\sqrt{3n-2})$를 곱하여 유리화하면
$$a_n=\frac{\{\sqrt{(3n+1)(3n-2)}+(3n+1)+(3n-2)\}(\sqrt{3n+1}-\sqrt{3n-2})}{(\sqrt{3n+1}+\sqrt{3n-2})(\sqrt{3n+1}-\sqrt{3n-2})}$$
$$=\frac{(\sqrt{3n+1})^3-(\sqrt{3n-2})^3}{(3n+1)-(3n-2)}$$
$$=\frac{(\sqrt{3n+1})^3-(\sqrt{3n-2})^3}{3}$$
따라서
$$\sum_{n=1}^{16}a_n=\frac{1}{3}\sum_{n=1}^{16}(\sqrt{3n+1})^3-(\sqrt{3n-2})^3$$
$$=\frac{1}{3}\{(\sqrt{4^3}-\sqrt{1^3})+(\sqrt{7^3}-\sqrt{4^3})+\cdots+(\sqrt{49^3}-\sqrt{46^3})\}$$
$$=\frac{1}{3}(\sqrt{49^3}-\sqrt{1^3})=114$$

12 주어진 조건에서 점 $(18, -1)$을 지나면서 곡선 $y=x^2-1$에 만나는 원 C를 그릴 때, 반지름의 길이가 최소가 되는 지점은 원이 곡선 $y=x^2-1$와 접하는 임의의 점 $P(t, t^2-1)$에서의 접선과 원의 지름이 수직을 이룰 때이고, 이를 그래프로 나타내면 다음과 같다.

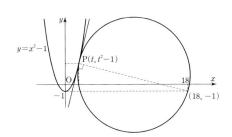

따라서 함수 $y=x^2-1$ 위의 점 $P(t,\,t^2-1)$에서의 접선의 기울기 $2t$와, 점 $P(t,\,t^2-1)$과 $(18,\,-1)$을 지나는 직선의 기울기 $\dfrac{(t^2-1)-(-1)}{t-18}$가 서로 수직이므로,

$$2t \times \dfrac{t^2}{t-18}=-1,$$

$$2t^3+t-18=0,$$

$$(t-2)(2t^2+4t+9)=0$$

$$\therefore t=2$$이므로 $P(2,\,3)$

이때, $P(2,\,3)$와 $(18,\,-1)$의 두 점 사이의 길이는

$$\sqrt{16^2+4^2}=4\sqrt{17}$$

따라서 원 C의 반지름의 길이는

$$\therefore 2\sqrt{17}$$

13 임의의 점 $(a,\,b)$에서 함수 $y=x^2$에 그은 접선이 만나는 접점을 $(t,\,t^2)$라고 하면

$$\therefore y=2t(x-a)+b$$

이때, 접선 $y=2t(x-a)+b$에서의 기울기 $2t$는 점 $(t,\,t^2)$과 점 $(a,\,b)$ 사이의 기울기와 같으므로

$$\therefore 2t=\dfrac{t^2-b}{t-a},\ t^2-2at+b=0$$

한편, 접점 $(t,\,t^2)$는 곡선 $y=x^2$ 위에 두 군데 생기는 점이므로 이를 각각 $P(m,\,m^2)$, $Q(n,\,n^2)$라고 하면 $t^2-2at+b=0$의 두 근이 $m,\,n$이므로 근과 계수의 관계에 의해

$$\therefore mn=b$$

또한, 접점 $P(m,\,m^2)$에서 $(a,\,b)$로 그은 접선의 기울기와, 접점 $P(m,\,m^2)$에서 $(a,\,b)$로 그은 접선의 기울기가 각각 $2m,\,2n$이고 두 접선은 수직이므로

$$\therefore 2m \times 2n=-1,\ mn=-\dfrac{1}{4}$$

따라서 $b=-\dfrac{1}{4}$

$a^2+b^2 \le \dfrac{37}{16}$에서 $b=-\dfrac{1}{4}$을 대입하면

$$a^2+\dfrac{1}{16} \le \dfrac{37}{16},\ a^2 \le \dfrac{9}{4}$$

$$\therefore -\dfrac{3}{2} \le a \le \dfrac{3}{2}$$

$b=-\dfrac{1}{4}$로 고정된 값이므로 $a+b$는 $a=-\dfrac{3}{2}$일 때 최소가

되고, $a=\dfrac{3}{2}$일 때 최대가 된다.

따라서 $p=\dfrac{5}{4}$, $q=-\dfrac{7}{4}$이므로

$$\therefore pq=-\dfrac{35}{16}$$

14 주어진 식에서 $\dfrac{1}{x}=t$로 치환하면 $t \to 0$이므로

$$\lim_{t \to 0}\sum_{k=1}^{4}\left\{\dfrac{f(1+3^kt)g(1+3^kt)}{t}\right\}$$

$$=\lim_{t \to 0}\sum_{k=1}^{4}\left\{f(1+3^kt) \times \dfrac{g(1+3^kt)}{t}\right\}$$

$$=\sum_{k=1}^{4}f(1) \times \lim_{t \to 0}\sum_{k=1}^{4}\left\{\dfrac{g(1+3^kt)}{t}\right\}$$

이때, $g(1)=0$이므로 위의 식을 변형하면

$$\sum_{k=1}^{4}f(1) \times \lim_{t \to 0}\sum_{k=1}^{4}\left\{\dfrac{g(1+3^kt)}{t}\right\}$$

$$=\sum_{k=1}^{4}f(1) \times \lim_{t \to 0}\sum_{k=1}^{4}\left\{\dfrac{g(1+3^kt)+g(1)}{3^kt} \times 3^k\right\}$$

$$=\sum_{k=1}^{4}\{f(1) \times g'(1) \times 3^k\}$$

이때, $f(1)=2$, $g'(1)=2$이므로

$$\sum_{k=1}^{4}\{f(1) \times g'(1) \times 3^k\}=\sum_{k=1}^{4}4 \times 3^k$$

$$=4(3+3^2+3^3+3^4)$$

$$=480$$

15 정삼각형 ABC에 내접하는 반지름의 길이가 1인 원 S를 그래프로 나타내면 다음과 같다.

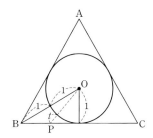

이때, 삼각형 위의 임의의 점 P에서 원 S까지 거리가 실수 $t(0 \le t \le 1)$이므로

구간을 나누어보면 다음과 같다.

(i) $t=0$일 때, P는 정삼각형 ABC와 원 S가 접할 때의 점

(ii) $0 < t < 1$일 때, P는 t값이 커질수록 정삼각형 ABC의 꼭짓점에 가까워진다.

(iii) $t=1$일 때, P는 정삼각형 ABC의 꼭짓점

한편 $f(t)$는 점 P부터 원 S까지 거리가 t인 점 P의 개수이므로

(i), (iii) 즉, $t=0$, $t=1$일 때, 점 P는 3개이므로 $f(0)=3$, $f(1)=3$이고

(ii) 즉, $0<t<1$일 때, 점 P는 6개이므로 이때의 $f(t)=6$이다.

따라서 $f(t)$를 그래프로 나타내면 다음과 같다.

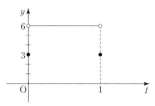

위의 그래프에서 불연속인 지점은 $k=0$, $k=1$일 때의 두 곳이므로

$\therefore a=2$

$\lim\limits_{t\to 1-}f(t)=6$이므로

$\therefore b=6$

따라서 $a+b=8$

16 주어진 조건에서 정사각형 $ABCD$의 변 위에 점 P가 있고, 내부에 점 (a, b)가 있으므로 이를 그래프로 나타내면 다음과 같다.

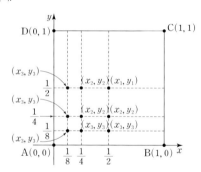

위의 그래프에서 n의 값을 $n=1$부터 차례대로 대입하면

(i) $n=1$일 때의 점 (a, b)를 (x_1, y_1)이라 하면,

점 P와 점 (x_1, y_1) 사이의 거리의 최솟값이 $\dfrac{1}{2^1}=\dfrac{1}{2}$이므로

이를 만족시키는 (x_1, y_1)는 $\left(\dfrac{1}{2}, \dfrac{1}{2}\right)$이다.

$\therefore n=1$일 때 (a, b)의 값은 총 1개이므로 $a_1=1$

(ii) $n=2$일 때의 점 (a, b)를 (x_2, y_2)이라 하면,

점 P와 점 (x_2, y_2) 사이의 거리의 최솟값이 $\dfrac{1}{2^2}=\dfrac{1}{4}$이고,

조건 (다)에 의해 x_2와 y_2의 분자는 항상 1의 값을 가지므로

이를 만족시키는 (x_2, y_2)는 $\left(\dfrac{1}{4}, \dfrac{1}{2}\right)$, $\left(\dfrac{1}{4}, \dfrac{1}{4}\right)$, $\left(\dfrac{1}{2}, \dfrac{1}{4}\right)$이다.

$\therefore n=2$일 때 (a, b)의 값은 총 3개이므로 $a_2=3$

(iii) $n=3$일 때의 점 (a, b)를 (x_3, y_3)이라 하면,

점 P와 점 (x_3, y_3) 사이의 거리의 최솟값이 $\dfrac{1}{2^3}=\dfrac{1}{8}$이고, 조건 (다)에 의해 x_3와 y_3의 분자는 항상 1의 값을 가지므로 이를 만족시키는 (x_3, y_3)는 $\left(\dfrac{1}{8}, \dfrac{1}{2}\right)$, $\left(\dfrac{1}{8}, \dfrac{1}{4}\right)$, $\left(\dfrac{1}{8}, \dfrac{1}{8}\right)$, $\left(\dfrac{1}{4}, \dfrac{1}{8}\right)$, $\left(\dfrac{1}{2}, \dfrac{1}{8}\right)$이다.

$\therefore n=3$일 때 (a, b)의 값은 총 5개이므로 $a_3=5$

$$\vdots$$

따라서 일반항 a_n을 구하면 $a_n=2n-1$이므로

$$\therefore \sum_{n=1}^{10}a_n=\sum_{n=1}^{10}2n-1=100$$

17 주어진 함수 $f(x)$의 주기는 $\dfrac{2\pi}{|a\pi|}=\dfrac{2}{a}$이고, 범위는

$-1+2b\le f(x)\le 1+2b$이므로 이를 그래프로 나타내면 다음과 같다.

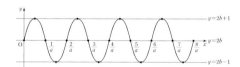

한편, 집합 $\{x|\log_a f(x)$는 정수$\}$에서 $\log_a f(x)=k$라고 하면 $f(x)=2^k$(단, k는 정수)이고,

이때, 원소의 개수가 8이 되어야 하므로, 위의 그래프와 직선 $y=2^k$(단, k는 정수)가 만나는 점의 개수가 8개가 되어야 한다.

a, b가 모두 자연수이므로 위의 그래프에 $b=1$부터 차례대로 대입하면,

(i) $b=1$일 때, 함수 $f(x)$의 범위는 $1\le f(x)\le 3$

이때, 직선 $y=2^k$와 접점이 생기기 위한 k값은 $k=0$, $k=1$

따라서 함수 $f(x)$와 $y=2^k$의 접점의 개수가 8개를 만족시키는 a의 값은 5

$\therefore a=5$

(ii) $b=2$일 때, 함수 $f(x)$의 범위는 $3\le f(x)\le 5$

이때, 직선 $y=2^k$와 접점이 생기기 위한 k값은 $k=2$.

따라서 함수 $f(x)$와 $y=2^k$의 접점의 개수가 8개를 만족시키는 a의 값은 7

$\therefore a=7$

(iii) $b=3$일 때, 함수 $f(x)$의 범위는 $5\le f(x)\le 7$

직선 $y=2^k$와 접점이 생기기 위한 k값은 존재하지 않는다.

(iv) $b=4$일 때, 함수 $f(x)$의 범위는 $7\le f(x)\le 9$

이때, 직선 $y=2^k$와 접점이 생기기 위한 k값은 $k=3$.

따라서 함수 $f(x)$와 $y=2^k$의 접점의 개수가 8개를 만족시키는 a의 값은 7

$\therefore a=7$

(v) $b=5$일 때, 함수 $f(x)$의 범위는 $9\le f(x)\le 11$

직선 $y=2^k$와 접점이 생기기 위한 k값은 존재하지 않는다.

$\vdots$

따라서 $a=5$, $a=7$이외의 다른 a의 값은 존재하지 않으므로 모든 a의 값의 합은

$\therefore 5+7=12$

18 주어진 함수 $g(x)$에 $x=-1$을 대입하면 $g(-1)=0$이고 함수 $g(x)$를 정리하면

$$g(x)=2x\int_{-1}^{x}f(t)dt-\int_{-1}^{x}f(t)^2dt\text{이다.}$$

이때, 양변을 x에 대하여 미분하면

$$\therefore g'(x)=2\int_{-1}^{x}f(t)dt+2xf(x)-\{f(x)\}^2$$

한편, 함수 $f(x)$는 x값의 구간에 따라 식이 달라지므로 x값의 범위를 나누어 $g'(x)$를 구하면

(i) $x<-1$일 때, $f(x)=0$

$$g'(x)=2\int_{-1}^{x}0dt+2x\times 0-0^2=0$$

(ii) $-1\le x<0$일 때, $f(x)=1+x$

$$\begin{aligned}g'(x)&=2\int_{-1}^{x}(1+t)dt+2x(1+x)-(1+x)^2\\&=x^2+2x+1+2x+2x^2-x^2-2x-1\\&=2x^2+2x\end{aligned}$$

(iii) $0\le x<1$일 때, $f(x)=-x+1$

$$\begin{aligned}g'(x)&=2\int_{-1}^{x}(-t+1)dt+2x(-x+1)-(-x+1)^2\\&=\left\{2\int_{-1}^{0}f(t)dt+2\int_{0}^{x}(-t+1)dx\right\}\\&\qquad +2x(-x+1)-(-x+1)^2\\&=2\times\frac{1}{2}+2\left(-\frac{1}{2}x^2+x\right)-2x^2+2x\\&\qquad\qquad\qquad\qquad\qquad -x^2+2x-1\\&=-4x^2+6x\end{aligned}$$

(iv) $1\le x$일 때, $f(x)=0$

$$\begin{aligned}g'(x)&=2\int_{-1}^{1}f(t)dt+\int_{1}^{x}f(x)dx+2x\times 0-0^2\\&=2\times 1+0+0-0=2\end{aligned}$$

따라서 좌표평면에 함수 $y=g'(x)$의 그래프를 그리면 다음과 같다.

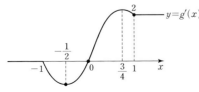

위의 그래프에서 $x=0$일 때, 함수 $g(x)$가 극솟값을 가지므로 $g(0)$일 때 최솟값이다.

따라서

$$\begin{aligned}g(0)&=-\int_{-1}^{0}f(t)^2dt=-\int_{-1}^{0}(1+t)^2dt\\&=-\int_{-1}^{0}t^2+2t+1dt\\&=\left[\frac{1}{3}t^3+t^2+t\right]_{-1}^{0}\\&=-\frac{1}{3}\end{aligned}$$

19 주어진 조건에서 함수 $y=f(x)$의 그래프를 y축에 대칭이동한 함수가 $y=g(x)$이므로 함수 $f(x)$와 함수 $g(x)$는 우함수 관계이다.

$\therefore f(x)=g(-x)$

한편,

조건 (가)에서 $\lim\limits_{x\to 1}\dfrac{f(x)}{x-1}$의 값이 존재하기 위해서는 (분모)→0으로 갈 때, (분자)→0으로 가야하므로

$\therefore f(1)=0$

이와 마찬가지로, 조건 (나)에서 $\lim\limits_{x\to 3}\dfrac{f(x)}{(x-3)g(x)}$는 임의의 k값으로 수렴하므로 (분모)→0으로 갈 때, (분자)→0으로 가야 하므로

$\therefore f(3)=0$

조건 (다)에서 $\lim\limits_{x\to -3+}\dfrac{1}{g'(x)}=\infty$ 즉, 양의 무한대로 발산하므로 $\lim\limits_{x\to -3+}g'(x)=0+$으로 수렴해야한다. 따라서

$g'(-3)=0$

이때, $f(x)=g(-x)$이므로 함수 $f'(x)$와 함수 $g'(x)$는 기함수 관계 즉, $f'(x)=-g'(-x)$

$\therefore g'(-3)=-f'(3)=0, f'(3)=0$

따라서 위의 조건에 따라 함수 $f(x)$를 설정하면

$\therefore f(x)=a(x-1)(x-3)^2\times Q(x)$

(단, a는 양수이고, $Q(x)$는 임의의 다항식)

이를 다시 조건 (나)에 대입하면

$$\lim_{x\to 3}\frac{a(x-1)(x-3)^2\times Q(x)}{(x-3)g(x)}$$

$$=\lim_{x\to 3}\frac{a(x-1)(x-3)\times Q(x)}{g(x)}=k$$

또한, $g(x)=f(-x)$이므로

$$\lim_{x\to 3}\frac{a(x-1)(x-3)\times Q(x)}{g(x)}$$

$$=\lim_{x\to 3}\frac{a(x-1)(x-3)\times Q(x)}{f(-x)}$$

$$=\lim_{x\to 3}\frac{a(x-1)(x-3)\times Q(x)}{a(-x-1)(-x-3)^2\times Q(-x)}=k$$

이때, k는 0이 아닌 상수라는 조건을 만족시켜야 하는데, 분자에 $(x-3)$을 인수로 지니고 있으므로 $Q(-x)$는 $(x-3)$을 인수로 지니는 다항식이 되어야 한다.

$\therefore Q(-x)=(x-3)P(x)$ (단, $P(x)$는 임의의 다항식)

즉, $Q(x)=(-x-3)P(-x)=-(x+3)P(-x)$

이므로

$\therefore f(x)=-a(x-1)(x-3)^2(x+3)P(-x)$

함수 $f(x)$의 차수는 임의의 다항식 $P(-x)$가 상수항일 때 최소이므로

$\therefore m=4$

또한, 이때의 k값은

$\lim_{x\to 3}\dfrac{a(x-1)(x-3)\times -(x+3)P(-x)}{a(-x-1)(-x-3)^2\times (x-3)P(x)}=\dfrac{1}{12}=k$

$\therefore k=\dfrac{1}{12}$

따라서 $m+k=4+\dfrac{1}{12}=\dfrac{49}{12}$

---

20 곡선 $y=x^3-x^2$ 위의 점 A에 그은 접선의 기울기가 8이므로

$y'=3x^2-2x=8$,

$3x^2-2x-8=0$,

$(3x+4)(x-2)=0$

$x=-\dfrac{3}{4}$ 또는 $x=2$

이때, 점 A는 제 1사분면에 있는 점이므로

$\therefore A(2, 4)$

한편, 주어진 조건에 따라 점 $B(0, 4)$, 원 S, 원위의 임의의 점 X, 그리고 위에서 구한 $A(2, 4)$를 좌표평면에 나타내면 다음 그림과 같다.

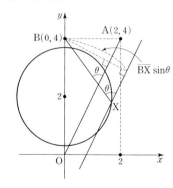

위의 그림에서 두 직선 OA와 BX가 이루는 예각의 크기가 θ이므로,

$\overline{BX}\sin\theta$의 값은 점 $B(0, 4)$에서 직선 OA와 평행하면서 X를 지나는 직선에 내린 수선의 발의 길이이다.

따라서 $\overline{BX}\sin\theta$가 최대인 지점은 직선 OA와 평행하면서 X를 지나는 직선이 원에 접할 때이고, 이때 $\overline{BX}\sin\theta$ 값이 $\dfrac{6\sqrt{5}}{5}$이다.

원 S의 반지름의 길이를 r이라 할 때, 삼각형의 닮음을 이용하여 r을 구하면

직선 OA와 평행하면서 원 S와 접하는 접선, 이 접선과 수직이면서 점 $B(0, 4)$를 지나는 직선, 그리고 y축으로 이루어진 직각삼각형과 직각삼각형 OAB는 두 각의 크기가 같은 AA 닮음이므로 이때의 삼각형의 비는 $2:1:\sqrt{5}$

이때, 직선 OA와 평행하면서 원 S와 접하는 접선과 y축이 만나는 점을 M이라 하면,

$1:\dfrac{6\sqrt{5}}{5}=\sqrt{5}:\overline{BM}$

$\therefore \overline{BM}=6$

따라서 원의 반지름 r과 y축 그리고 직선 OA와 평행하면서 원 S와 접하는 접선을 각각 한 변으로 하는 직각삼각형의 비도 이와 같으므로

$r:\dfrac{6\sqrt{5}}{5}=4:6$

$\therefore r=\dfrac{4\sqrt{5}}{5}$

---

21 $\sum_{k=1}^{n}\dfrac{a_k}{2k-1}=2^n$에서 $n=1$을 대입하면 $a_1=2$

한편, $S_n=\sum_{k=1}^{n}\dfrac{a_k}{2k-1}=2^n$이므로

$S_n-S_{n-1}=\dfrac{a_n}{2n-1}=2^n-2^{n-1}$

$\therefore S_5-S_4=\dfrac{a_5}{9}=2^5-2^4$, $a_5=9(32-16)$, $a_5=144$

$a_1+a_5=2+144=146$

---

22 주어진 식을 정리하면,

$\log a+\log b-\log 2=(\log a)(\log b)$,

$\log b+\log c-\log 2=(\log b)(\log c)$,

$\log c+\log a=(\log c)(\log a)$

이때, $\log a=A$, $\log b=B$, $\log c=C$라고 하면

(ⅰ) $A+B-\log 2=AB$,

(ⅱ) $B+C-\log 2=BC$,

(ⅲ) $C+A=CA$

위의 식에서 (ⅰ)−(ⅱ)를 한 후 양변을 정리하면

$A-C=AB-BC$,

$A-C=B(A-C)$,

$(A-C)-B(A-C)=0$,

$(1-B)(A-C)=0$

따라서 $B=1$ 또는 $A=C$

그러나 $B=1$인 경우 $\log b=1$, $b=10$이므로 a, b, c가 모두 10보다 크다는 조건에 모순이다.

$\therefore A=C$

이를 (ⅲ)에 대입하면 $2A=A^2$이므로,

$\therefore A=2$, $C=2$, $B=2-\log 2$

따라서 $a=100$, $c=100$, $b=50$이므로

$\therefore a+b+c=250$

23 함수 $f(x)$는 최고차항이 1인 이차함수이므로 꼭짓점을
$(t, f(t))$라고 하면,

∴ $f(x)=(x-t)^2+f(t)$

한편, 함수 $g(x)$는 $(x<1)$인 영역에서 함수
$y=-x^2+2x+2=-(x-1)^2+3$이고, $(x\geq 1)$인 영역에서 $f(x)$이므로, 이를 그래프로 나타내면 다음과 같다.

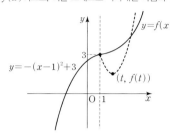

함수 $g(x)$는 $x=1$에서 연속이므로 $f(1)=3$
$f(1)=(1-t)^2+f(t)=3$,
$t^2-2t+1+f(t)=3$,
∴ $f(t)=-t^2+2t+2$이므로 $f(x)=x^2-2tx+2t+2$

또한, t값의 범위가 $1<t$인 경우 감소하는 부분이 존재하므로 실수 전체의 집합에서 증가하는 함수라는 조건에 모순이 생긴다. 따라서 조건을 만족시키는 t값의 범위는 $t\leq 1$
$f(x)$에 $x=3$을 대입하면 $f(3)=-4t+11$이므로 $t=1$일 때 최솟값을 갖는다.

∴ $f(3)$의 최솟값은 7

24 $\sin^2 x+\cos^2 x=1$, $\sin^2 x=1-\cos^2 x$이므로 주어진 부등식을 정리하면
$(a\sin^2 x-4)\cos x+4$
$=\{a(1-\cos^2 x)-4\}\cos x+4\geq 0$
이때, $\cos x=t\ (-1\leq t\leq 1)$라고 하면
$\{a(1-t^2)-4\}\times t+4\geq 0$,
$at-at^3-4t+4\geq 0$,
$-at^3+(a-4)t+4\geq 0$
$at^3-(a-4)t-4\leq 0$
∴ $(t-1)(at^2+at+4)\leq 0$
위의 부등식에서 t값의 범위는 $-1\leq t\leq 1$이므로
모든 t에 대하여 $(t-1)\leq 0$가 성립한다.
따라서 부등식 $(t-1)(at^2+at+4)\leq 0$의 조건을 만족하기 위해서는 $(at^2+at+4)\geq 0$가 되어야 한다.
함수 $f(t)=at^2+at+4$라고 하면 $f(t)\geq 0$,
$f(t)=a\left(t+\dfrac{1}{2}\right)^2-\dfrac{a}{4}+4$이고,

a의 범위에 따라 함수 $f(t)$의 값이 달라지므로 구간을 나누어 이를 판단하면
(i) $a<0$일 때
함수 $f(t)$의 최고차항의 계수가 음수이므로 위로 볼록한

이차함수며,
t값의 범위가 $-1\leq t\leq 1$이므로 이를 그래프로 나타내면 다음과 같다.

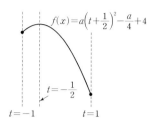

따라서 함수 $f(t)$는 $t=1$에서 최솟값을 가지므로
$f(1)=2a+4$
∴ $2a+4\geq 0$, $-2\leq a<0$

(ii) $a=0$일 때
함수 $f(t)=4$이므로 $4\geq 0$,
∴ $a=0$일 때 성립

(iii) $a>0$일 때
함수 $f(t)$의 최고차항의 계수가 양수이므로 아래로 볼록한 이차함수며,
t값의 범위가 $-1\leq t\leq 1$이므로 이를 그래프로 나타내면 다음과 같다.

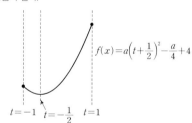

따라서 함수 $f(t)$는 $t=-\dfrac{1}{2}$에서 최솟값을 가지므로
$f\left(-\dfrac{1}{2}\right)=-\dfrac{1}{4}a+4$
∴ $-\dfrac{1}{4}a+4\geq 0$, $0<a\leq 16$

(i), (ii), (iii)에 의해 a의 범위는 $-2\leq a\leq 16$이므로
최댓값과 최솟값의 합은
∴ $-2+16=14$

25 삼각형의 빗변을 $\overline{OP}=a$, 빗변 $\overline{OP}$와 x축이 이루는 각을 θ라고 할 때,
점 P의 좌표는 $P(a\cos\theta,\ a\sin\theta)$이다.

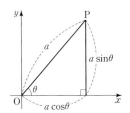

위의 그림을 참고하여 집합 A를 해석하면,

빗변 $\overline{OP}$의 길이가 2이고, 빗변 $\overline{OP}$와 x축이 이루는 각이 θ인 삼각형의 점 P의 좌표는

$P(2\cos\theta,\ 2\sin\theta)$이고, 이를 x축의 방향으로 2만큼 y축의 방향으로 2만큼 움직이면

$$\therefore P(2+2\cos\theta,\ 2+2\sin\theta)\left(\text{단, } -\frac{\pi}{3}\le\theta\le\frac{\pi}{3}\right)$$

이와 마찬가지로 집합 B를 해석하면,

$P(2\cos\theta,\ 2\sin\theta)$이고, 이를 x축의 방향으로 -2만큼 y축의 방향으로 2만큼 움직이면

$$\therefore P(-2+2\cos\theta,\ 2+2\sin\theta)\left(\text{단, } \frac{2\pi}{3}\le\theta\le\frac{4\pi}{3}\right)$$

또한, 집합 C는 두 직선 $y=2+\sqrt{3}$, $y=2-\sqrt{3}$가 $x=-3$부터 $x=3$까지의 영역에서 그려지므로 집합 $A\cup B\cup C$ 즉, 도형 X의 그래프는 다음과 같다.

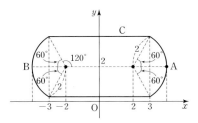

이때, 집합 X로 둘러싸인 부분의 넓이는 α이므로

$$\therefore \alpha=6\{(2+\sqrt{3})-(2-\sqrt{3})\}+4\left(\frac{1}{2}\times 2^2\times\frac{1}{3}\pi-\frac{\sqrt{3}}{2}\right)$$

$$=12\sqrt{3}+\frac{8}{3}\pi-2\sqrt{3}$$

$$=10\sqrt{3}+\frac{8}{3}\pi$$

한편, 곡선 $y=-\sqrt{3}x^2+2$는 꼭짓점의 좌표가 $(0,\ 2)$이고 위로 볼록한 이차함수이므로

도형 X와 곡선 $y=-\sqrt{3}x^2+2$를 그래프로 그리면 다음과 같다.

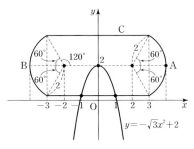

이때, 도형 X와 곡선 $y=-\sqrt{3}x^2+2$가 만나는 점은 $(1,\ 2-\sqrt{3})$, $(-1,\ 2-\sqrt{3})$이므로

$$\therefore c=2-\sqrt{3}$$

따라서 곡선 $y=-\sqrt{3}x^2+2$와 직선 $y=2-\sqrt{3}$로 둘러싸인 부분의 넓이가 β이므로

$$\therefore \beta=\frac{|-\sqrt{3}|\times\{1-(-1)\}^3}{6}$$

$$=\frac{4\sqrt{3}}{3}$$

따라서 $\alpha-\beta$의 값은

$$\alpha-\beta=10\sqrt{3}+\frac{8}{3}\pi-\frac{4\sqrt{3}}{3}$$

$$=\frac{8\pi+26\sqrt{3}}{3}$$

$p=8$, $q=26$이므로

$$\therefore p+q=34$$

2022학년도 기출문제 정답 및 해설

제3교시 **수학영역**

01 ④ 02 ② 03 ③ 04 ④ 05 ① 06 ②
07 ③ 08 ① 09 ① 10 ④ 11 ⑤ 12 ③
13 ⑤ 14 ④ 15 ② 16 ⑤ 17 ③ 18 ⑤
19 ② 20 ① 21 12 22 49 23 21 24 5
25 217

01 $\log_a b = A$로 치환하면 $\log_b a = \dfrac{1}{A}$이므로

$\dfrac{1}{A} + A = \dfrac{1}{5} + 5$로 나타낼 수 있다.

따라서 $\log_a b = 5$이고 $a^5 = b$

문제에서 $ab = 27$이므로

$ab = a \times a^5 = a^6 = 3^3$

$a^2 = 3 \cdots \bigcirc$

$b^2 = (a^5)^2 = (a^2)^5 = 3^5$

$b^2 = 3^5 \cdots \bigcirc$

$\bigcirc$, $\bigcirc$을 더하여 답을 구한다.

$\therefore a^2 + b^2 = 246$

02 $4\cos^2 A - 5\sin A + 2 = 0$

$4(1 - \sin^2 A) - 5\sin A + 2 = 0$

$4\sin^2 A + 5\sin A - 6 = 0$

$(4\sin A - 3)(\sin A + 2) = 0$

$\sin A = \dfrac{3}{4} (\because -1 \leq \sin A \leq 1)$

$\dfrac{\overline{BC}}{\sin A} = 2R$($R$은 외접원의 반지름의 길이)이므로

$R = \dfrac{1}{2} \times \dfrac{3}{\frac{3}{4}} = 2$

∴ 삼각형 ABC의 외접원의 반지름의 길이 $= 2$

03 $v(1) = a + b = 15 \cdots \bigcirc$

$v(2) = 4a + 2b = 20 \cdots \bigcirc$

$\bigcirc$, $\bigcirc$을 연립하면 $a = -5$, $b = 20$

즉 $v(t) = -5t(t-4)$

$t = 1$에서 $t = 5$까지 점 P가 움직인 거리를 S라 하면

$S = \displaystyle\int_1^5 |v(t)| \, dt$

$= \displaystyle\int_1^4 (-5t^2 + 20t) \, dt + \int_4^5 (5t^2 - 20t) \, dt$

$= \left[-\dfrac{5}{3}t^3 + 10t^2 \right]_1^4 + \left[\dfrac{5}{3}t^3 - 10t^2 \right]_4^5$

$= \left(-\dfrac{320}{3} + 160 + \dfrac{5}{3} - 10 \right) + \left(\dfrac{625}{3} - 250 - \dfrac{320}{3} + 160 \right)$

$= -\dfrac{10}{3} + 60$

$= \dfrac{170}{3}$

∴ $t = 1$에서 $t = 5$까지 점 P가 움직인 거리 $= \dfrac{170}{3}$

04 (가)에서 $f(x) - ax^2$의 이차항의 계수가 1이어야 하므로

$f(x)$의 이차항의 계수는 $(a+1)$이다.

$f(x) = (a+1)x^2 + bx + c$로 놓는다.

$\displaystyle\lim_{x \to 0} \dfrac{f(x)}{x^2 - ax} = \dfrac{(a+1)x^2 + bx + c}{x(x-a)} = 2$에서

$x \to 0$일 때 (분모) $\to 0$이고 극한값이 존재하므로

(분자) $\to 0$이어야 한다.

즉 $\displaystyle\lim_{x \to 0}(a+1)x^2 + bx + c = 0 + 0 + c = 0$, $c = 0$

$f(x) = (a+1)x^2 + bx$

$= x\{(a+1)x + b\}$

이를 (나)에 대입하여 계산하면

$\displaystyle\lim_{x \to 0} \dfrac{f(x)}{x^2 - ax} = \lim_{x \to 0} \dfrac{x((a+1)x^2 + b)}{x(x-a)}$

$= \displaystyle\lim_{x \to 0} \dfrac{(a+1)x^2 + b}{(x-a)}$

$= \dfrac{b}{-a}$

$= 2$

즉 $b = -2a$이고 이를 $f(x)$에 대입한다.

$f(x) = (a+1)x^2 + bx = (a+1)x^2 - 2ax$

$f(x)$에 2를 대입하면

$f(2) = 4a + 4 - 4a = 4$

$\therefore f(2) = 4$

05 문제의 조건에 따라 $1 \leq a \leq 4$, $1 \leq b \leq 4$이다.

$\log_2 (a+b) = k$(k는 정수) $\to a + b = 2^k$

$2 \leq a + b \leq 8$이므로 $2 \leq 2^k \leq 8$

정답 및 해설

즉 $k=1, 2, 3$

따라서 $(a, b)=(1, 1), (1, 3), (2, 2), (3, 1), (4, 4)$

$(3, 1)$에서 거리의 최솟값을 갖고, $(1, 1), (1, 3)$에서 거리의 최댓값을 갖는다.

$m=\sqrt{(4-3)^2+(2-1)^2}=\sqrt{2}$

$M=\sqrt{(4-1)^2+(2-1)^2}=\sqrt{10}$

$\therefore m^2+M^2=12$

06 $a_1=2a_4=2a_1r^3$

이를 정리하여 r을 구한다.

$r^3=2^{-1}$

즉 $r=2^{-\frac{1}{3}}$

$a_3^{\log_a 3}=3^{\log_a a_3}=27=3^3$

$\log_a a_3=3$

$a_3=2^3$

따라서 $a_3=8$

$\log_4 a_n-\log_a \dfrac{1}{a_n}=\log_2 a_n-\log_a \dfrac{1}{a_n}$

$\qquad\qquad =\dfrac{1}{2}\log_a a_n-\log_a 1+\log_a a_n$

$\qquad\qquad =\dfrac{3}{2}\log_a a_n$

$\dfrac{3}{2}\log_a a_n=k$라 놓으면 $\log_a a_n=\dfrac{2k}{3}$

$a_n=2^{\frac{2k}{3}}$

k가 자연수가 되기 위해서는 $2k$가 짝수가 되어야 한다.

$a_3=2^3=2^{\frac{9}{3}}$, $a=2^{\frac{10}{3}}$, $a_1=2^{\frac{11}{3}}$과 같이 값은 작아지므로 만족하는 a_n은 $2^{\frac{10}{3}}, 2^{\frac{8}{3}}, 2^{\frac{6}{3}}, 2^{\frac{4}{3}}, 2^{\frac{2}{3}}$이다.

따라서 $n=2, 4, 6, 8, 10$으로 총 5개이다.

07 $f(x)=x^3+kx^2+(2k-1)x+k+3$

$\qquad =k(x^2+2x+1)+x^3-x+3$

k값에 관계없이 항상 점 P를 지난다고 했으므로

$x^2+2x+1=0, x=-1$

즉 $P(-1, 3)$

'곡선 $y=f(x)$ 위의 점 P에서의 접선이 곡선 $y=f(x)$와 오직 한 점에서 만난다'의 의미는 곡선 $y=f(x)$의 변곡점에서 접선이라는 의미이다.

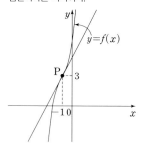

즉 $f''(x)=0$을 만족하는 k값을 구한다.

$f''(x)=6x+2k$

$f''(-1)=-6+2k=0$

$\therefore k=3$

08 $\displaystyle\lim_{x\to\infty}\dfrac{f(x)-x^3}{x^2}=2$에서 분모의 차수가 2인데

극한값이 2로 존재하므로 $f(x)-x^3=2x^2+ax+b$

$f(x)=x^3+2x^2+ax+b$가 된다.

$f(x)=0$의 한 실근을 k라고 가정하면 $g(x)$가 $f(x)=0$이 되는 경계에서 함수가 바뀌므로 $g(x)$가 실수 전체의 집합에서 연속이 되려면 $x=k$에서 좌극한, 우극한, 함숫값이 모두 같아야 한다. 즉 $\displaystyle\lim_{x\to k}\dfrac{x-1}{f(x)}=\dfrac{1}{n}$이어야 한다.

$f(x)=0$의 실근이 하나이고 나머지는 허근일 때 성립한다.

(이외의 경우는 발산한다.)

$f(x)=x^3+2x^2+ax+b=(x-k)(x^2+ax+\beta)$

$\displaystyle\lim_{x\to k}\dfrac{x-1}{f(x)}$에서 (분모) $\to 0$인데 극한값이 존재하므로

(분자) $\to 0$으로 간다. 따라서 $k=1$이 된다.

$f(x)=(x-1)(x^2+ax+\beta)$

$f(x)=x^3+(a-1)x^2+(\beta-a)x-\beta$

$\qquad =x^3+2x^2+ax+b$

$a-1=2$

$a=3$

$f(x)=(x-1)(x^2+3x+\beta)$

$x^2+3x+\beta$이 허근이 되어야 하므로 $D<0$이어야 한다.

따라서 $9-4\beta<0$이고 $\beta>\dfrac{9}{4}$가 된다.

$\displaystyle\lim_{x\to 1}\dfrac{x-1}{(x-1)(x^2+3x+\beta)}=\lim_{x\to 1}\dfrac{1}{x^2+3x+\beta}=\dfrac{1}{4+\beta}$

$n=4+\beta$

$\beta>\dfrac{9}{4}$이므로 $n>4+\dfrac{9}{4}(=6.25)$

$\therefore n$의 최솟값=7

09 $f(x)$의 그래프 위의 점 $(t, f(t))$에서의 접선의 방정식은

$y=f'(t)(x-t)+f(t)$

$\quad =(3t^2+2t)(x-t)+t^3+t^2$

$\quad =(3t^2+2t)x-2t^3-t^2$

$g_1(t)=-2t^3-t^2$

$f(x)$의 그래프 위의 점 $(t+1, f(t+1))$에서의 접선의 방정식은

$y=f'(t+1)(x-t-1)+f(t+1)$

$\quad =\{3(t+1)^2+2(t+1)\}\{x-(t+1)\}+(t+1)^3+(t+1)^2$

$\quad =\{3(t+1)^2+2(t+1)\}x-2(t+1)^3-(t+1)^2$

$g_a(t)=-2(t+1)^3-(t+1)^2$

$$h(t) = |g_1(t) - g_2(t)|$$
$$= |(-2t^3 - t^2) - \{-2(t+1)^3 - (t+1)^2\}|$$
$$= |-2t^3 - t^2 + 2t^3 + 6t^2 + 6t + 2 + t^2 + 2t + 1|$$
$$= |6t^2 + 8t + 3|$$
$$= \left|6\left(t + \frac{2}{3}\right)^2 + \frac{1}{3}\right|$$

$\therefore$ 함수 $h(t)$의 최솟값$= \dfrac{1}{3}$

10 $a_n = \sum\limits_{k=1}^{n} k$

$= 1 + 2 + 3 + \cdots + n$

$= \dfrac{n(n+1)}{2} \cdots \text{㉠}$

㉠을 문제의 b_n의 식에 대입한다.

$b_n = b_{n-1} \times \dfrac{a_n}{a_n - 1}$

$= b_{n-1} \times \dfrac{\dfrac{n(n+1)}{2}}{\dfrac{n(n+1)}{2} - 1}$

$= b_{n-1} \times \dfrac{\dfrac{n(n+1)}{2}}{\dfrac{n(n+1) - 2}{2}}$

$= b_{n-1} \times \dfrac{n(n+1)}{(n-1)(n+2)}$

$\dfrac{b_n}{b_{n-1}} = \dfrac{n(n+1)}{(n-1)(n+2)}$

$b_{100} = \dfrac{b_{100}}{b_1}$

$= \dfrac{b_2}{b_1} \times \dfrac{b_3}{b_2} \times \dfrac{b_4}{b_3} \times \cdots \times \dfrac{b_{100}}{b_{99}}$

$= \dfrac{2 \times 3}{1 \times 4} \times \dfrac{3 \times 4}{2 \times 5} \times \dfrac{4 \times 5}{3 \times 6} \times \cdots \times \dfrac{100 \times 101}{99 \times 102}$

$= \dfrac{3}{1} \times \dfrac{100}{102}$

$= \dfrac{50}{17}$

$\therefore b_{100} = \dfrac{50}{17}$

11 원주각의 크기와 호의 길이는 정비례한다.

$\angle A + \angle B + \angle C = 180°$, $\angle A : \angle B : \angle C = 4 : 5 : 3$이므로

$\angle A = 60°$, $\angle B = 75°$, $\angle C = 45°$

삼각형 ABC의 외접원의 반지름의 길이를 R이라 하면

$2\pi R = 3 + 4 + 5$

$R = \dfrac{6}{\pi} \cdots \text{㉠}$

$\overline{BC} = a$, $\overline{AC} = b$라 하면

$S = \dfrac{1}{2} ab \sin C$

$= \dfrac{1}{2}(2R\sin A)(2R\sin B)\sin C$

$= 2R^2 \sin A \sin B \sin C$

$= 2R^2 \times \dfrac{\sqrt{3}}{2} \times \dfrac{\sqrt{6} + \sqrt{2}}{4} \times \dfrac{\sqrt{2}}{2}$

㉠을 대입하여 계산하면

$S = 2 \times \dfrac{36}{\pi^2} \times \dfrac{\sqrt{3}}{2} \times \dfrac{\sqrt{6} + \sqrt{2}}{4} \times \dfrac{\sqrt{2}}{2}$

$= \dfrac{9}{\pi^2} \times \dfrac{\sqrt{6}(\sqrt{6} + \sqrt{2})}{2}$

$= \dfrac{9}{\pi^2} \times (3 + \sqrt{3})$

$\dfrac{\pi^2 S}{9} = \dfrac{\pi^2}{9} \times \dfrac{9}{\pi^2} \times (3 + \sqrt{3}) = 3 + \sqrt{3}$

$\therefore \dfrac{\pi^2 S}{9} = 3 + \sqrt{3}$

12 문제의 조건 (가)에서

$f(x) + x^2 + 2ax - 3 = \displaystyle\int_1^x \left\{\dfrac{d}{dt}(2f(t) - 3t + 7)\right\} dt$

$f(x) + x^2 + 2ax - 3 = \displaystyle\int_1^x (2f'(t) - 3) dt$

좌변과 우변을 미분하면

$f'(x) + 2x + 2a = 2f'(x) - 3$

$f'(x) = 2x + 2a + 3 \cdots \text{㉠}$

$\displaystyle\lim_{h \to 0} \dfrac{f(3+h) - f(3-h)}{h}$

$= \displaystyle\lim_{h \to 0} \dfrac{f(3+h) - f(3) - (f(3-h) - f(3))}{h}$

$= \displaystyle\lim_{h \to 0} \dfrac{f(3+h) - f(3)}{h} - \lim_{h \to 0} \dfrac{f(3-h) - f(3)}{h}$

$= f'(3) + f'(3)$

$= 6$

$f'(3) = 3$

이를 ㉠에 대입하면

$f'(3) = 6 + 2a + 3 = 3$

$2a = -6$

$\therefore a = -3$

13 $x = \sqrt[3]{2}$로 치환하면 $r = \dfrac{3}{x^2 - x + 1}$

식의 우변에 $\dfrac{x+1}{x+1}$을 곱하면

$r = \dfrac{3}{x^2 - x + 1} \times \dfrac{x+1}{x+1}$

$= \dfrac{3(x+1)}{x^3 + 1}$

$= \dfrac{3(x+1)}{(\sqrt[3]{2})^3 + 1}$

$= \dfrac{3(x+1)}{3}$

$= x + 1$

$= \sqrt[3]{2} + 1$

$r-1=\sqrt[3]{2}$

$(r-1)^3=2$

$r-1=t$로 치환하여 $r+r^2+r^3$을 t에 관한 식으로 정리한다.

$r+r^2+r^3=(t+1)+(t+1)^2+(t+1)^3$

$\qquad\qquad=t^3+4t^2+6t+3$

$\qquad\qquad=2+4\sqrt[3]{4}+6\sqrt[3]{2}+3$

$\qquad\qquad=4\sqrt[3]{4}+6\sqrt[3]{2}+5$

$a\sqrt[3]{4}+b\sqrt[3]{2}+c=4\sqrt[3]{4}+6\sqrt[3]{2}+5$

따라서 $a=4$, $b=6$, $c=5$이다.

$\therefore a+b+c=15$

14

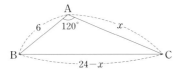

코사인법칙에 의해

$(24-x)^2=x^2+6^2-2\times x\times 6\times\left(-\dfrac{1}{2}\right)$

$x^2-48x+576=x^2+6x+36$

$54x=540$

따라서 $x=10$

코사인법칙 변형에 의해

$\cos B=\dfrac{6^2+14^2-10^2}{2\times 6\times 14}$

$\qquad=\dfrac{132}{12\times 14}$

$\qquad=\dfrac{11}{14}$

$\therefore \cos B=\dfrac{11}{14}$

15 $\quad m<a<b$에서 $\displaystyle\int_a^b(x^3-x^2-px+1)dx>0$을 만족하려면

$m<x$인 모든 실수 x에 대하여

$x^3-x^2\geq px-1$이 되어야 한다.

즉 다음 그림처럼 $y=px-1$이 곡선 $y=x^3-x^2$에 접해야 m이 최소가 된다.

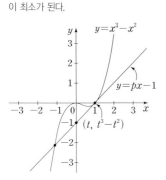

두 그래프의 접점의 좌표를 $(t,\ t^3-t^2)$이라 하면

접점에서의 접선의 식은

$y=(3t^2-2t)(x-t)+(t^3-t^2)$

이 접선은 점 $(0,\ -1)$을 지나므로 대입하면

$-1=-2t^3+t^2$

$2t^3-t^2-1=0$

$(t-1)(2t^2+t+1)=0$

$2t^2+t+1$은 허근을 가지므로 $t=1$

따라서 접점의 좌표는 $(1,\ 0)$이고 $p=1$이다.

$x^3-x^2=x-1$

$x^3-x^2-x+1=0$

$(x-1)^2(x+1)=0$이므로

$x=1,\ -1$

$\therefore m$의 최솟값$=-1$

16 $\quad n=1$부터 대입하여 살펴보면,

(i) $n=1$일 때 $y=\sin(\pi x)$

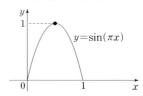

y좌표가 자연수인 점의 개수는 1개 이므로 $a_1=1$

(ii) $n=2$일 때 $y=2\sin(2\pi x)$

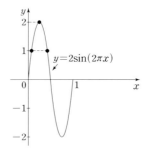

y좌표가 자연수인 점의 개수는 3개 이므로 $a_\text{을}=3$

(iii) $n=3$일 때 $y=3\sin(3\pi x)$

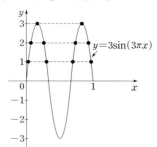

y좌표가 자연수인 점의 개수는 10개 이므로 $a_3=10$

(iv) $n=4$일 때 $y=4\sin(4\pi x)$

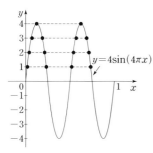

y좌표가 자연수인 점의 개수는 14개 이므로 $a_4=14$

$a_1 \sim a_4$는 다음과 같이 표현할 수 있다.

$a_1=1$

$a_2=1 \times (2 \times 1+1)$

$a_3=2 \times (2 \times 2+1)$

$a_4=2 \times (2 \times 3+1)$

이어서 a_5부터 a_{10}까지 표현하면 다음과 같다.

$a_5=3 \times (2 \times 4+1)$

$a_6=3 \times (2 \times 5+1)$

$a_7=4 \times (2 \times 6+1)$

$a_8=4 \times (2 \times 7+1)$

$a_9=5 \times (2 \times 8+1)$

$a_{10}=5 \times (2 \times 9+1)$

$a_1+a_2+a_3+\cdots+a_{10}$

$=1+3+10+14+27+33+52+60+85+95$

$=380$

$\therefore \sum_{n=1}^{10} a_n=380$

17 함수 $f(x)=|x^2-4|(x^2+n)$에서 n은 자연수이므로,

$x^2+n>0$

따라서 $f(x)=|(x^2-4)(x^2+n)|$

$\therefore x=2, x=-2$에서 $f(x)$는 극값

함수 $g(x)$를 $g(x)=(x^2-4)(x^2+n)$이라 하면

$f(x)=|g(x)|$

$g(x)=(x^2-4)(x^2+n)$이므로

$g'(x)=2x(x^2+n)+(x^2-4)(2x)$

$\quad\quad=2x(2x^2+n-4)$

따라서 $g'(x)=0$을 만족하는 x의 값은

$x=0$ 또는 $x=\pm\sqrt{\dfrac{4-n}{2}}$

극값이 4개 이상이라는 조건을 만족해야 하므로 $4-n>0$
이다. 자연수 n의 값은 1, 2, 3이다. n의 값이 클수록 극솟값
$f(0)$의 값이 커지므로, $f(x)$의 모든 극값의 합이 최대가 되
도록 하는 n의 값은 3이다.

18 $f(x)$를 미분하여 0이 되는 x값을 구하면

$f'(x)=6x^2-2(t+3)x+2t$

$\quad\quad=2\{3x^2-(t+3)x+t\}$

$\quad\quad=2(3x-t)(x-1)$

$\quad\quad=0$

$x=\dfrac{t}{3}$, 1이 된다.

이 때 $0<t<3$이므로 $0<\dfrac{t}{3}<1$이다.

따라서 다음 그림과 같은 모양의 그래프가 되고

$x=\dfrac{t}{3}$에서 극댓값을 갖는다.

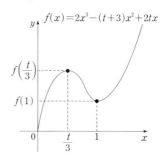

문제에서 $x=a$에서 극댓값을 갖는다고 하였으므로

$\dfrac{t}{3}=a, t=3a$

따라서 $g(t)=g(3a)=\dfrac{1}{2} \times a \times f(a)$

문제의 $\displaystyle\int_0^a f(x)dx$을 먼저 계산한 후 대입한다.

$\displaystyle\int_0^a f(x)dx=\left[\dfrac{1}{2}x^4-\dfrac{(3a+3)}{3}x^3+3ax^2\right]_0^a$

$\quad\quad\quad\quad\quad=\dfrac{1}{2}a^4-a^4-a^3+3a^3$

$\quad\quad\quad\quad\quad=-\dfrac{1}{2}a^4+2a^3 \cdots \ominus$

$\ominus$을 구하고자 하는 식에 대입하여 계산한다.

$\displaystyle\lim_{t \to 0}\dfrac{1}{g(t)}\int_0^a f(x)dx$

$=\displaystyle\lim_{t \to 0}\dfrac{\displaystyle\int_0^a f(x)dx}{g(t)}$

$=\displaystyle\lim_{a \to 0}\dfrac{-\dfrac{1}{2}a^4+2a^3}{g(3a)}$

$=\displaystyle\lim_{a \to 0}\dfrac{-\dfrac{1}{2}a^4+2a^3}{\dfrac{1}{2} \times a \times (2a^3-(3a+3)a^2+6a^2)}$

$=\displaystyle\lim_{a \to 0}\dfrac{-\dfrac{1}{2}a^3(a-4)}{-\dfrac{1}{2}a^3(a-3)}$

$=\displaystyle\lim_{a \to 0}\dfrac{a-4}{a-3}=\dfrac{4}{3}$

$\therefore \displaystyle\lim_{t \to 0}\dfrac{1}{g(t)}\int_0^a f(x)dx=\dfrac{4}{3}$

19 함수 $f(x)$를 그림으로 나타내면 다음과 같다.

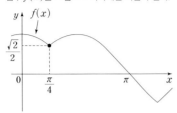

$g(x)=\cos ax$의 주기는 $\dfrac{2\pi}{a}$이다.

닫힌구간 $\left[0, \dfrac{\pi}{4}\right]$에서 $g(x)$의 주기인 $\dfrac{2\pi}{a}$가 $\dfrac{\pi}{4}$보다 작으면 두 곡선 $f(x)$와 $g(x)$의 교점의 개수가 2이상이다. 따라서 $a>8$이다.

이 때, 교점의 개수가 3이 되도록 하는 a가 최솟값이 되려면 $g(x)$가 $\left(\dfrac{\pi}{4}, \dfrac{\sqrt{2}}{2}\right)$를 지나야 하므로 $\cos\dfrac{\pi}{4}a=\dfrac{\sqrt{2}}{2}$

$a=1, 7, 9, 15 \cdots$

따라서 $p=9$이고 다음 그림과 같다.

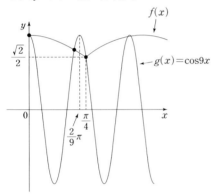

닫힌구간 $\left[0, \dfrac{11}{12}\pi\right]$에서 두 곡선 $y=f(x)$와 $y=\cos 9x$를 그리면 다음 그림과 같다.

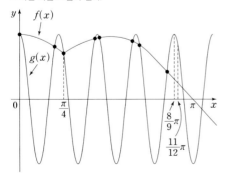

교점의 개수는 8개이므로 $q=8$이다.

$\therefore p+q=17$

20 (가) 조건에 의해 $P(-4)\neq0$, $P(4)\neq0$, $Q(-4)\neq0$이다.

(나) 조건에 의해 $a_1=-2$, $a_2=0$, $a_3=2$이다.

(다) 조건에 의해 $P(x)=(x-\alpha)^2$이다.(α는 -2, 0, 2 중에 하나)

(ⅰ) $\alpha=-2$일 때

$f(x)=(x+4)(x+2)^2$

$g(x)=(x-4)x(x-2)$

다음 그림과 같이 그려지며 교점은 없다.

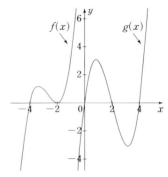

(ⅱ) $\alpha=0$일 때

$f(x)=(x+4)x^2$

$g(x)=(x-4)(x+2)(x-2)$

다음 그림과 같이 그려지며 교점은 2개이다.

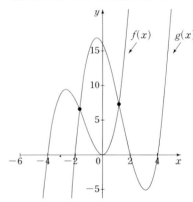

(ⅲ) $\alpha=2$일 때

$f(x)=(x-2)^2(x+4)$

$g(x)=(x-4)x(x+2)$

다음과 같이 그려지며 교점은 없다.

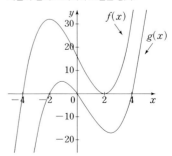

따라서 $f(x)=(x+4)x^2$, $g(x)=(x-4)(x+2)(x-2)$
일 때의 두 교점의 x좌표의 합을 구하면 된다.

$(x+4)x^2=(x-4)(x+2)(x-2)$

$x^3+4x^2=x^3-4x^2-4x+16$

$8x^2+4x-16=0$

$2x^2+x-4=0$에서 근과 계수와의 관계에 의해

두 교점의 x좌표의 합은 $-\dfrac{1}{2}$이다.

21 $\log_a(x+4)+\log_{\frac{1}{2}}(x-4)$

$=\log_a(x+4)+\log_{2^{-1}}(x-4)$

$=\log_a(x+4)-\log_a(x-4)$

$=\log_a\dfrac{x+4}{x-4}$

$=1$

$\dfrac{x+4}{x-4}=2$

$x+4=2x-8$

$\therefore x=12$

22 근과 계수와의 관계에 의해 $\alpha+\beta=1$, $\alpha\beta=-1$이다.

(ⅰ) $k=1$일 때

$a_3=\dfrac{1}{2}(\alpha^3+\beta^3)$

$\quad=\dfrac{1}{2}\{(\alpha+\beta)^3-3\alpha\beta(\alpha+\beta)\}$

$\quad=2$

(ⅱ) $k=2$일 때

$a_6=\dfrac{1}{2}(\alpha^6+\beta^6)$

$\quad=\dfrac{1}{2}\{(\alpha^3+\beta^3)^2-2(\alpha\beta)^3\}$

$\quad=9$

(ⅲ) $k=3$일 때

$a_9=\dfrac{1}{2}(\alpha^9+\beta^9)$

$\quad=\dfrac{1}{2}\{(\alpha^3+\beta^3)(\alpha^6+\beta^6)-\alpha^3\beta^3(\alpha^3+\beta^3)\}$

$\quad=38$

$\therefore \displaystyle\sum_{k=1}^{3}a_{3k}=49$

23 $\displaystyle\lim_{x\to1}\dfrac{g(x)}{x-1}=2$에서 (분모) $\to$ 0이고 극한값이 존재하므로

(분자) $\to$ 0이어야 한다.

즉 $g(1)=0$

$g(x)=\displaystyle\int_{-1}^{x}f(t)dt$의 양변에 -1을 대입하면

$g(-1)=0$

$g'(x)=f(x)$이므로 $f(x)$는 최고차항의 계수가 1인 이차함

수이므로 $g(x)$는 계수가 $\dfrac{1}{3}$인 삼차함수이다.

$g(x)=\dfrac{1}{3}(x-1)(x+1)(x+\alpha)$

$\displaystyle\lim_{x\to1}\dfrac{g(x)}{x-1}$

$=\displaystyle\lim_{x\to1}\dfrac{\dfrac{1}{3}(x-1)(x+1)(x+\alpha)}{x-1}$

$=\displaystyle\lim_{x\to1}\dfrac{1}{3}(x+1)(x+\alpha)$

$=\dfrac{2}{3}+\dfrac{2}{3}\alpha$

$=2$

$\alpha=2$

$g(x)=\dfrac{1}{3}(x-1)(x+1)(x+2)$

$g(x)=\dfrac{1}{3}(x^2-1)(x+2)=\dfrac{1}{3}x^3+\dfrac{2}{3}x^2-\dfrac{1}{3}x-\dfrac{2}{3}$

$g'(x)=f(x)=x^2+\dfrac{4}{3}x-\dfrac{1}{3}$

$f(4)=16+\dfrac{16}{3}-\dfrac{1}{3}=21$

$\therefore f(4)=21$

24 문제의 조건을 그림으로 표현하면 다음과 같다.

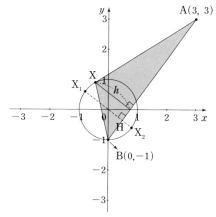

삼각형 ABX의 밑변 $\overline{AB}$의 길이는

$\overline{AB}=\sqrt{(3-0)^2+(3+1)^2}$

$\quad\;\;=\sqrt{9+16}$

$\quad\;\;=5$

점 A, B를 지나는 직선의 방정식은 $4x-3y-3=0$이므로

원점과 $\overline{AB}$의 사이의 거리 d는

$d=\dfrac{|-3|}{\sqrt{4^2+3^2}}=\dfrac{3}{5}$

$\overline{X_1H}$의 거리는 $1+\dfrac{3}{5}=\dfrac{8}{5}$

$\overline{X_2H}$는 반지름의 길이에서 d를 뺀 값이므로 $\frac{2}{5}$가 된다.

위의 그림에서 높이 h는 $0 < h \leq \frac{8}{5}$이고

$0 < t \leq 4$, $t = \frac{1}{2} \times 5 \times h$이다.

$0 < h < \frac{2}{5}$일 때, $0 < t < 1$이고 $f(t) = 4$

$h = \frac{2}{5}$일 때, $t = 1$이고 $f(t) = 3$

$\frac{2}{5} < h < \frac{8}{5}$일 때, $1 < t < 4$이고 $f(t) = 2$

$h = \frac{8}{5}$일 때, $t = 4$이고 $f(t) = 1$

t와 $f(t)$와의 관계를 그래프로 나타내면 다음 그림과 같다.

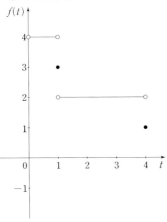

$0 < t \leq 4$에서 함수 $f(t)$가 연속하지 않을 때에는

$t = 1$, 4이므로

$\therefore 5$

25 $\log a_n + \log a_{n+1} = 2n$

$\log a_n a_{n+1} = 2n$

$a_n a_{n+1} = 10^{2n} = 100^n$

$n = 1$부터 대입하여 나열하면

$a_1 \times a_2 = 100$

$a_2 \times a_3 = 100^2$

$a_3 \times a_4 = 100^3$

$\vdots \qquad \vdots$

a_1부터 a_4까지 가능한 수를 정리하면 다음과 같다.

a_1	a_2	a_3	a_4
1	100	100	$10000 (= 100 \times 100)$
2	50	200	$5000 (= 50 \times 100)$
4	25	400	$2500 (= 25 \times 100)$
$\vdots$	$\vdots$	$\vdots$	$\vdots$

집합 Y의 모든 원소는 a_4로 가능한 모든 값들의 합을 의미한다.

$a_4 = a_2 \times 100$이므로

p는 100의 양의 약수의 합과 같다.

$p = (1 + 2 + 2^2)(1 + 5 + 5^2)$

$\quad = 7 \times 31$

$\quad = 217$

2021학년도 기출문제 정답 및 해설

제3교시 **수학영역**

01 ⑤	02 ②	03 ①	04 ③	05 ④	06 ①
07 ③	08 ③	09 ①	10 ②	11 ⑤	12 ①
13 ④	14 ③	15 ②	16 ③	17 ①	18 ②
19 ④	20 ⑤	21 480	22 13	23 973	24 31
25 3					

01 $\log_3 x = t$라 하면

$\log_3(\log_{27} x) = \log_{27}(\log_3 x)$에서

$\log_3\left(\dfrac{t}{3}\right) = \dfrac{1}{3}\log_3 t$이다.

식을 정리하면

$\log_3 t - 1 = \dfrac{1}{3}\log_3 t$

$\log_3 t = \dfrac{3}{2}$

따라서 $t = 3^{\frac{3}{2}}$이다.

$(\log_3 x)^2 = t^2$

$= (3^{\frac{3}{2}})^2$

$= 3^3$

$= 27$

$\therefore (\log_3 x)^2 = 27$

02 $x = \dfrac{1+\sqrt{2}+\sqrt{3}}{1-\sqrt{2}+\sqrt{3}}$에서 양변에 각각 $\sqrt{2}$를 빼면

$x - \sqrt{2} = \dfrac{1+\sqrt{2}+\sqrt{3}}{1-\sqrt{2}+\sqrt{3}} - \sqrt{2}$

$= \dfrac{1+\sqrt{2}+\sqrt{3}}{1-\sqrt{2}+\sqrt{3}} - \dfrac{\sqrt{2}(1-\sqrt{2}+\sqrt{3})}{1-\sqrt{2}+\sqrt{3}}$

$= \dfrac{1+\sqrt{2}+\sqrt{3}-\sqrt{2}+2-\sqrt{6}}{1-\sqrt{2}+\sqrt{3}}$

$= \dfrac{3+\sqrt{3}-\sqrt{6}}{1-\sqrt{2}+\sqrt{3}}$

$= \dfrac{\sqrt{3}(1-\sqrt{2}+\sqrt{3})}{1-\sqrt{2}+\sqrt{3}}$

$= \sqrt{3}$

따라서 $x = \sqrt{2}+\sqrt{3}$

$x(x-\sqrt{2})(x-\sqrt{3}) = (\sqrt{2}+\sqrt{3}) \times \sqrt{3} \times \sqrt{2}$

$= \sqrt{12}+\sqrt{18}$

$= 2\sqrt{3}+3\sqrt{2}$

$\therefore x(x-\sqrt{2})(x-\sqrt{3}) = 3\sqrt{2}+2\sqrt{3}$

03 어느 대학에 입학하는 학생 한 명의 입학시험점수를 확률변수 X라 하면 확률변수 X는 정규분포 $N(63.7, 10^2)$을 따르고 $Z = \dfrac{X-63.7}{10}$로 놓으면 확률변수 Z는 표준정규분포 $N(0, 1)$을 따른다.

50명을 모집하는데 5000명이 지원하였고 이 대학에 입학하기 위한 최저점수를 a라 하면

$P(X \geq a) = P\left(Z \geq \dfrac{a-63.7}{10}\right) = 0.01 \left(= \dfrac{50}{5000}\right)$

$P\left(Z \geq \dfrac{a-63.7}{10}\right) = 0.01 = 0.5 - P\left(0 \leq Z \leq \dfrac{a-63.7}{10}\right)$

따라서 $P\left(0 \leq Z \leq \dfrac{a-63.7}{10}\right) = 0.49$

표준정규분포표에서 $P(0 \leq Z \leq 2.33) = 0.490$이므로

$\dfrac{a-63.7}{10} = 2.33$

$a - 63.7 = 23.3$

$a = 23.3 + 63.7 = 87$

94.6점 이상인 학생이 장학금을 받으므로

$P(X \geq 94.6) = P\left(Z \geq \dfrac{94.6-63.7}{10}\right)$

$= P(Z \geq 3.09)$

$= 0.5 - P(0 \leq Z \leq 3.09)$

$= 0.5 - 0.499$

$= 0.001$

즉 상위 0.1%의 학생들이 장학금을 받는다.

5000명 중 0.1%는 5명이므로 $b = 5$

$\therefore a + b = 87 + 5 = 92$

04 $\lim_{x \to 2} \dfrac{f(x)}{x-2} = 4$에서 $x \to 2$일 때 (분모) $\to 0$이고

극한값이 존재하므로 (분자) $\to 0$이어야 한다.

즉, $f(2) = 0$

이를 $\lim_{x \to 4} \dfrac{f(x)}{x-4} = 2$에 적용하면 $f(4) = 0$이다.

따라서 $f(x) = (x-2)(x-4)Q(x)$ ($Q(x)$는 다항함수)

$\lim_{x \to 2} \dfrac{f(x)}{x-2} = \dfrac{(x-2)(x-4)Q(x)}{x-2}$

$$= -2Q(2)$$
$$= 4$$
따라서 $Q(2) = -2$

$$\lim_{x \to 4} \frac{f(x)}{x-4} = \frac{(x-2)(x-4)Q(x)}{x-4}$$
$$= 2Q(4)$$
$$= 2$$

따라서 $Q(4) = 1$

그런데 $Q(x)$는 다항함수이므로 모든 실수 x에서 연속이다. 이 때 $Q(2)Q(4) < 0$이므로 사잇값 정리에 의해 $Q(x) = 0$은 구간 $[2, 4]$에서 적어도 하나의 실근을 가지므로 방정식 $f(x) = 0$은 구간 $[2, 4]$에서 적어도 3개의 실근을 갖는다.

05 $f(x) = x^2 - 1$라 하면 $f'(x) = 2x$
점 $(t, t^2 - 1)$에서의 접선의 기울기는 $f'(t) = 2t$이므로 접선 l의 접선의 방정식은
$$y - (t^2 - 1) = 2t(x - t)$$
$$y - t^2 + 1 = 2tx - 2t^2$$
$$y = 2tx - t^2 - 1$$
구하고자 하는 도형의 넓이를 S라 하면
$$S = \int_0^1 \{(x^2 - 1) - (2tx - t^2 - 1)\}dx$$
$$= \int_0^1 (x^2 - 2tx + t^2)dx$$
$$= \left[\frac{1}{3}x^3 - tx^2 + t^2 x\right]_0^1$$
$$= \frac{1}{3} - t + t^2$$
$$= \left(t - \frac{1}{2}\right)^2 + \frac{1}{3} - \frac{1}{4}$$
$$= \left(t - \frac{1}{2}\right)^2 + \frac{1}{12}$$

따라서 $t = \frac{1}{2}$일 때 넓이 S의 최솟값은 $\frac{1}{12}$이다.

$$\therefore \frac{1}{12}$$

06 첫날에 파란색 밴드를 사용하였으므로 둘째 날에는 파란색 밴드를 제외한 4가지 선택이 가능하다. 셋째 날에는 둘째 날에 사용하지 않은 색을 사용해야 하므로 4가지, 넷째 날에는 셋째 날 사용하지 않은 색을 사용해야 하므로 4가지, 다섯째 날에는 넷째 날에 사용하지 않은 색을 사용해야 하므로 4가지. 즉, 전체 경우의 수는 $4^4 = 256$가지이다.
구하는 경우의 수는 셋째 날에 파란색 밴드를 사용하는 경우의 수와 사용하지 않는 경우의 수를 더한 것과 같다.

1	2	3	4	5
파란색 밴드		파란색 밴드		파란색 밴드

(i) 첫째, 셋째, 다섯째 날 파란색 밴드를 사용하면 둘째, 넷째 날에 올 수 있는 경우의 수는 (빨, 주, 노, 초)의 4가지 색이 각각 올 수 있으므로 총 경우의 수는 $4 \times 4 = 16$가지이다.

(ii) 첫째, 다섯째 날에 파란색 밴드를 사용한다면 둘째 날에는 (빨, 주, 노, 초)의 4가지 색을 사용할 수 있다. 또한 넷째 날에는 파란색 밴드를 사용할 수 없다.
둘째 날에 빨간색 밴드를 사용했다고 가정하면

1	2	3	4	5
파란색 밴드	빨간색 밴드			파란색 밴드

셋째 날에는 (주, 노, 초)의 3가지 색을 사용할 수 있다.
셋째 날에 주황색 밴드를 사용했다고 가정하면

1	2	3	4	5
파란색 밴드	빨간색 밴드	주황색 밴드		파란색 밴드

넷째 날에는 (빨, 노, 초)의 3가지 색을 사용할 수 있다.
따라서 총 경우의 수는 $4 \times 3 \times 3 = 36$가지이다.

구하는 확률은 $\dfrac{16+36}{4^4} = \dfrac{4 \times 13}{4 \times 4 \times 4 \times 4} = \dfrac{13}{64}$

$$\therefore \frac{13}{64}$$

07 등비수열 $\{a_n\}$의 첫 번째 항을 a, 등비수열 $\{b_n\}$의 첫 번째 항을 b, 공비를 r이라 하여 일반항을 구하면
$$a_n = ar^{n-1}, \ b_n = br^{n-1}$$이다.
$a_n b_n = \dfrac{(a_{n+1})^2 + 4(b_{n+1})^2}{5}$에 대입하여 계산하면
$$abr^{2n-2} = \frac{(ar^n)^2 + 4(br^n)^2}{5}$$
$$\frac{abr^{2n}}{r^2} = \frac{r^{2n}(a^2 + 4b^2)}{5}$$
$$\frac{ab}{r^2} = \frac{a^2 + 4b^2}{5}$$
$$\frac{1}{r^2} = \frac{a^2 + 4b^2}{5ab} = \frac{a}{5b} + \frac{4b}{5a}$$

$a > 0$, $b > 0$이므로 산술·기하 평균에 의하여
$$\frac{1}{r^2} = \frac{a}{5b} + \frac{4b}{5a}$$
$$\geq 2\sqrt{\frac{a}{5b} \times \frac{4b}{5a}}$$
$$\geq 2\sqrt{\frac{4}{25}}$$
$$\geq \frac{4}{5}$$

$\dfrac{1}{r^2} \geq \dfrac{4}{5}$이므로 $r^2 \leq \dfrac{5}{4}$이다.

따라서 $-\dfrac{\sqrt{5}}{2} \leq r \leq \dfrac{\sqrt{5}}{2}$이고 모든 항이 양수라고 하였으므로

r의 범위는 $0<r\le\dfrac{\sqrt5}{2}$가 된다.

구하는 r의 최댓값은 $\dfrac{\sqrt5}{2}$이다.

08 5개의 숫자를 1, 2, 3, x, y라 하면 모든 자리 수의 합이 10이라고 하였으므로 $x+y=4$이다.

(i) 0, 1, 2, 3, 4가 올 때

다섯 자리 자연수라고 하였으므로 맨 앞에 올 수 있는 숫자의 경우의 수는 4가지이다.

따라서 $4\times4\times3\times2\times1=96$가지

(ii) 1, 1, 2, 3, 3이 올 때

$\dfrac{5!}{2!\times2!}=\dfrac{5\times4\times3\times2\times1}{2\times1\times2\times1}=30$가지

(iii) 1, 2, 2, 2, 3이 올 때

$\dfrac{5!}{3!}=\dfrac{5\times4\times3\times2\times1}{3\times2\times1}=20$가지

따라서 구하는 총 경우의 수는 $96+30+20=146$가지이다.

09 $\dfrac{8}{a_k}=b_k$라 치환하면 주어진 관계식은

$\left(4-\dfrac{8}{b_{k+1}}\right)\left(2+\dfrac{8}{b_k}\right)=8$

$\dfrac{32}{b_k}-\dfrac{16}{b_{k+1}}-\dfrac{64}{b_kb_{k+1}}=0$에서 양변을 16으로 나누면

$\dfrac{2}{b_k}-\dfrac{1}{b_{k+1}}-\dfrac{4}{b_kb_{k+1}}=0$을 통분하면

$\dfrac{2b_{k+1}-b_k-4}{b_kb_{k+1}}=0$

따라서 $2b_{k+1}-b_k-4=0$이므로 이를 전개하여 정리하면

$b_{k+1}=\dfrac12 b_k+2$

$\left(b_{k+1}-4\right)=\dfrac12(b_k-4)$

$(b_k-4)=(b_1-4)\left(\dfrac12\right)^{k-1}$

$b_k=4+4\left(\dfrac12\right)^{k-1}$

$\displaystyle\sum_{k=1}^{9}b_k=\sum_{k=1}^{9}4+\sum_{k=1}^{9}4\left(\dfrac12\right)^{k-1}$

$\qquad=36+4\sum_{k=1}^{9}\left(\dfrac12\right)^{k-1}$

$\qquad=36+4\times\dfrac{1-\left(\dfrac12\right)^9}{1-\dfrac12}$

$\qquad=36+8\times\left\{1-\left(\dfrac12\right)^9\right\}$

$\qquad=44-\left(\dfrac12\right)^6$

따라서 구하는 정수 부분은

$\therefore 43$

10 1쌍의 부부가 상품을 받을 확률은 $\dfrac13\times\dfrac13=\dfrac19$이므로

$\dfrac{57}{32}\left(\dfrac89\right)^n$

$={}_nC_0\left(\dfrac19\right)^0\left(\dfrac89\right)^n+{}_nC_1\left(\dfrac19\right)^1\left(\dfrac89\right)^{n-1}+{}_nC_2\left(\dfrac19\right)^2\left(\dfrac89\right)^{n-2}$

$=\left({}_nC_0+{}_nC_1\left(\dfrac19\right)^1\left(\dfrac89\right)^{-1}+{}_nC_2\left(\dfrac19\right)^2\left(\dfrac89\right)^{-2}\right)\left(\dfrac89\right)^n$

$=\left(1+\dfrac{n}{8}+\dfrac{n(n-1)}{128}\right)\left(\dfrac89\right)^n$

$1+\dfrac{n}{8}+\dfrac{n(n-1)}{128}=\dfrac{57}{32}$

양변에 128을 곱하면

$128+16n+n(n-1)=228$

전개하여 인수분해하면

$128+16n+n^2-n=228$

$n^2+15n-100=0$

$(n+20)(n-5)=0$이고 n은 자연수이므로

$\therefore n=5$

11 $a_{2k+1}+2a_m=g(m+k)$에서

$k=0$, $m=1$을 대입하면

$a_1+2a_1=g(1)=3$

$k=0$, $m=2$를 대입하면

$a_1+2a_2=g(2)=7$

$k=1$, $m=1$을 대입하면

$a_3+2a_1=g(2)$

$a_3+2=7$

$a_3=5$

$k=1$, $m=2$를 대입하면

$a_3+2a_2=g(3)=11$

즉 $g(k)$는 첫째 항이 3이고 공차가 4인 등차수열임을 알 수 있다.

따라서 $g(k)=4k-1$이다.

$\displaystyle\sum_{k=1}^{10}g(k)=\sum_{k=1}^{10}(4k-1)$

$\qquad=4\sum_{k=1}^{10}k-\sum_{k=1}^{10}1$

$\qquad=4\times\dfrac{10\times11}{2}-10$

$\qquad=220-10$

$\qquad=210$

$\therefore \displaystyle\sum_{k=1}^{10}g(k)=210$

12 $a^x=t$라 하면 $\dfrac1a\le t\le a$이고

$f(t)=t^2+4t-2$

$t=a$에서 최댓값 10을 가지므로

$f(t)=t^2+4t-2$에 a를 대입하면

$a^2+4a-2=10$

$a^2+4a-12=0$

$(a+6)(a-2)=0$

$a=2$이다. $(a>1)$

따라서 최솟값은 $t=\dfrac{1}{a}=\dfrac{1}{2}$일 때이므로

$f\left(\dfrac{1}{2}\right)=t^2+4t-2=\dfrac{1}{4}+2-2=\dfrac{1}{4}$

13 $f(x)=x^3+1$라 하면 $f'(x)=3x^2$

점 $(1, 2)$에서의 접선의 기울기는 $f'(1)=3$이므로 접선 l의 접선의 방정식은

$y-2=3(x-1)$

$y-2=3x-3$

$y=3x-1$

이때, 원의 중심에서 점 $(1, 2)$에 그은 직선은 l과 수직이므로 그 직선을 m이라 하면

$y=-\dfrac{1}{3}x+\dfrac{7}{3}$

직선 m은 $\left(0, \dfrac{7}{3}\right)$을 지나고, 중심이 y축에 있는 원이라고 하였으므로 원의 중심은 $\left(0, \dfrac{7}{3}\right)$이다.

반지름의 길이 (r)는 $\left(0, \dfrac{7}{3}\right)$와 $(1, 2)$사이의 거리이므로

$r=\sqrt{(0-1)^2+\left(\dfrac{7}{3}-2\right)^2}$

$\quad=\sqrt{1+\dfrac{1}{9}}$

$\quad=\sqrt{\dfrac{10}{9}}$

따라서 구하는 원의 넓이는 $\left(\sqrt{\dfrac{10}{9}}\right)^2\pi$

$\therefore \dfrac{10}{9}\pi$

14 $\{(x+1)-y\}^{n+2}$의 전개식에서 $x^n y^2$의 계수를 포함한 식은 다음과 같다.

$_{n+2}C_2(x+1)^n(-y)^2$

따라서 $f(n)=\,_{n+2}C_2=\dfrac{(n+2)(n+1)}{2}$

$\dfrac{1}{f(n)}=\dfrac{2}{(n+2)(n+1)}=2\left(\dfrac{1}{n+1}-\dfrac{1}{n+2}\right)$

$\displaystyle\sum_{n=1}^{2020}\dfrac{1}{f(n)}=\dfrac{1}{f(1)}+\dfrac{1}{f(2)}+\cdots+\dfrac{1}{f(2020)}$

$\quad=2\left(\dfrac{1}{2}-\dfrac{1}{3}+\dfrac{1}{3}-\dfrac{1}{4}+\cdots+\dfrac{1}{2021}-\dfrac{1}{2022}\right)$

$\quad=2\left(\dfrac{1}{2}-\dfrac{1}{2022}\right)$

$\quad=2\times\dfrac{1010}{2022}$

$\quad=\dfrac{1010}{1011}$

따라서 $a=1010$, $b=1011$이다.

$\therefore a+b=1010+1011=2021$

15 점 P는 $y=2^x-\sqrt{2}$ 위에 있고 x좌표가 a_n이라고 하였으므로 $P(a_n, 2^{a_n}-\sqrt{2})$

점 P의 x축에 내린 수선의 발을 R이라 하자. 삼각형 PQR은 빗변의 길이가 n이고 점 P, Q를 지나는 직선의 기울기가 -1이므로 직각이등변삼각형이다.

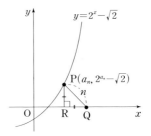

따라서 $\overline{PR}=\dfrac{n}{\sqrt{2}}$이다.

P의 y좌표의 값과 $\overline{PR}$이 같으므로

$2^{a_n}-\sqrt{2}=\dfrac{n}{\sqrt{2}}$

$\sqrt{2}\times(2^{a_n}-\sqrt{2})=n$

$\sqrt{2}\times2^{a_n}=n+2$

$2^{a_n}=\dfrac{n+2}{\sqrt{2}}$

$a_n=\log_2\dfrac{n+2}{\sqrt{2}}$

$\quad=\log_2(n+2)-\log_2\sqrt{2}$

$\quad=\log_2(n+2)-\dfrac{1}{2}$

$\displaystyle\sum_{n=1}^{6}a_n=a_1+a_2+\cdots+a_6$

$\quad=\left(\log_2 3-\dfrac{1}{2}\right)+\left(\log_2 4-\dfrac{1}{2}\right)+\cdots+\left(\log_2 8-\dfrac{1}{2}\right)$

$\quad=\log_2(3\times4\times\cdots\times8)-3$

$\quad=\log_2(2^6\times315)-3$

$\quad=\log_2 315+3$

$2^8<315<2^9$이므로 $\log_2 315=8.\times\times\times\cdots$

따라서 $\displaystyle\sum_{n=1}^{6}a_n$의 정수 부분은 11이다.

$\therefore 11$

16 $y=2-x^2$ 위의 점 P를 $(t, 2-t^2)$이라 하자.

$(\overline{AP})^2=(1-t)^2+(t^2-2)^2 \cdots \text{㉠}$

$\quad=t^2-2t+1+t^4-4t^2+4$

$\quad=t^4-3t^2-2t+5$

$f(t)=t^4-3t^2-2t+5$라 하면

$$f'(t)=4t^3-6t-2=2(t+1)(2t^2-2t-1)$$

$f'(t)=0$에서 $t=-1,\ \dfrac{1-\sqrt3}{2},\ \dfrac{1+\sqrt3}{2}$

다음 그림과 같이 차례대로 극솟값, 극댓값, 극솟값을 갖는다.

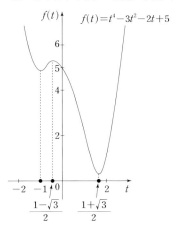

$f(t)$의 최솟값은 $t=\dfrac{1+\sqrt3}{2}$일 때이므로

㉠에 대입하여 계산하면

$1-t=\dfrac{1-\sqrt3}{2},\ t^2-2=\dfrac{\sqrt3-2}{2}$

$$(1-t)^2+(t^2-2)^2=\left(\dfrac{1-\sqrt3}{2}\right)^2+\left(\dfrac{\sqrt3-2}{2}\right)^2$$
$$=\dfrac{1-2\sqrt3+3+3-4\sqrt3+4}{4}$$
$$=\dfrac{11-6\sqrt3}{4}$$

17 $y=\log_{\frac12}(2x-m)$에서 $2x-m=0$이 되는 $x=\dfrac{m}{2}$이 점근

선이고 $2x-m=1$이 되는 $x=\dfrac{m}{2}+1$에서 x축과 만난다.

따라서 $x=n$이 $y=\log_{\frac12}(2x-m)$와 만나려면 $x=\dfrac{m}{2}$보다

오른쪽에 있어야 하므로

$\dfrac{m}{2}<n\ \cdots\ ㉠$

$y=|2^{-x}-m|$의 그래프의 모양은 다음 그림과 같다.

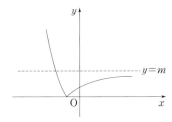

따라서 직선 $y=n$이 그래프와 두 점에서 만나려면

$n<m\ \cdots\ ㉡$

㉠, ㉡을 연립하면 m의 범위는

$n<m<2n$

$a_n=(n+1)+(n+2)+\cdots+(2n-1)$
$=\dfrac{(n-1)(n+1+2n-1)}{2}$
$=\dfrac32 n(n-1)$

$\displaystyle\sum_{n=5}^{10}\dfrac{1}{a_n}=\sum_{n=5}^{10}\dfrac23\times\dfrac{1}{n(n-1)}$
$=\dfrac23\sum_{n=5}^{10}\left(\dfrac{1}{n-1}-\dfrac{1}{n}\right)$
$=\dfrac23\times\left(\dfrac14-\dfrac15+\dfrac15-\dfrac16+\cdots+\dfrac19-\dfrac{1}{10}\right)$
$=\dfrac23\times\left(\dfrac14-\dfrac{1}{10}\right)$
$=\dfrac23\times\dfrac{3}{20}$
$=\dfrac{1}{10}$

$\therefore \displaystyle\sum_{n=5}^{10}\dfrac{1}{a_n}=\dfrac{1}{10}$

18 접점을 $(t,f(t))$라 하면

$f'(x)=5x^4-4ax^3$일 때 $f'(t)=1$이므로

$5t^4-4at^3=1\ \cdots\ ㉠$

$y=x-1$에 접하므로 $f(t)=t-1$

$t^5-at^4=t-1\ \cdots\ ㉡$

㉠, ㉡을 a에 대해 정리하면

$\dfrac{5t^4-1}{4t^3}=\dfrac{t^5-t+1}{t^4}$

$5t^5-t=4t^5-4t+4$

$t^5+3t-4=0$

$(t-1)(t^4+t^3+t^2+t+4)=0$

따라서 $t=1$

접점의 좌표는 $(1,0)$이고 $(1,0)$을

$f(x)=x^4(x-a)$에 대입하면

$f(1)=1-a=0$

따라서 $a=1$

$g(x)=k(x-1)(x-b)$의 그래프가

$y=x-1$에 접한다고 하였으므로 $g'(x)=1$

$g'(x)=k\{(x-b)+(x-1)\}=1$,

접점의 좌표가 $(1,0)$이므로

$x=1$을 $g'(x)$에 대입하면

$g'(1)=1=k(1-b)$

$k=\dfrac{1}{1-b}\ \cdots\ ㉢$

따라서 $f(x)$와 $g(x)$의 그래프의 모양은 다음 그림과 같다.

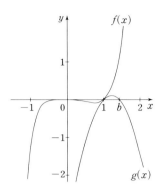

$f(x)$의 그래프와 x축으로 둘러싸인 넓이는

$$\int_0^1 |x^5-x^4|\,dx=\left|\frac{1}{6}-\frac{1}{5}\right|=\frac{1}{30}$$

$g(x)$의 그래프와 x축으로 둘러싸인 넓이는

$$\int_1^b |k(x-1)(x-b)|\,dx=\frac{|k|(b-1)^3}{6}$$

이 둘의 넓이가 같다고 하였으므로

$$\frac{1}{30}=\frac{|k|(b-1)^3}{6}$$

$$|k|(b-1)^3=\frac{1}{5}$$

$$|k|=\frac{1}{5(b-1)^3}$$

이를 ©과 연립하여 계산하면

$$\frac{1}{1-b}=-\frac{1}{5(b-1)^3}\,(k<0)$$

$$\frac{1}{b-1}=\frac{1}{5(b-1)^3}$$

$$(b-1)^2=\frac{1}{5}$$

$$b=1\pm\frac{1}{\sqrt5}$$

따라서 $b=1+\dfrac{1}{\sqrt5}\,(b>1),\ k=-\sqrt5$

$$\therefore\ abk=-1-\sqrt5$$

19 $f'(x)$가 $x=-1$에서 최솟값을 갖는다고 하였다.
따라서 $x=-1$이 축이고 $f(x)$의 변곡점의 x좌표가 -1이
다.($x=-1$의 좌우에서 $f''(x)$의 부호가 바뀌기 때문에)
$f(x)=x^3+ax^2+bx+c$라 하면 $f'(x)=3x^2+2ax+b$
$f'(x)=3(x+1)^2+d$라 하면
$$3x^2+2ax+b=3(x+1)^2+d$$
$$3x^2+2ax+b=3x^2+6x+3+d$$
$$2a=6,\ b=3+d$$
$$a=3$$
한편, $y=|f(x)-f(-3)|$은 $f(x)$를 $f(-3)$만큼 평행이동
후 x축 아래 부분을 x축에 대칭시켰다. 따라서 $x=-3$에서
x축과 만나므로 $f(-3)=0$이다.

$f(x)=x^3+3x^2+bx+c$에서
$$f(-3)=-3b+c=0,\ c=3b$$
c에 $3b$를 대입하여 인수분해하면
$$f(x)=x^3+3x^2+bx+3b$$
$$=x^2(x+3)+b(x+3)$$
$$=(x+3)(x^2-b)$$

(ⅰ) $x=-3$에서 접하지 않을 때

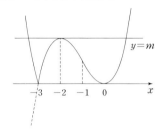

※ 삼차함수의 그래프의 극대(극소)인 점 A에서 그은 접선
   이 이 삼차함수의 그래프와 점 B에서 만날 때, 선분 AB
   를 $2:1$로 내분하는 점의 x좌표가 극소(극대)인 점의 x
   좌표와 같다.(선분 AB의 $1:2$ 내분점은 변곡점이다.)
   따라서 $x=-2$에서 극댓값을 갖고 $x=0$에서 극솟값을
   갖는다.
   $f(x)=(x+3)(x^2-b)$에서 $f(0)=0$이므로 $b=0$
   따라서 (ⅰ)의 경우 $f(x)=x^2(x+3)$
   이 때 극댓값은 $f(-2)=4$
   $$m=4$$
(ⅱ) $x=-3$에서 접할 때

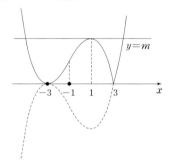

   $f(x)=(x+3)(x^2-b)$에서 $f(3)=0$이므로 $b=9$
   따라서 (ⅱ)의 경우 $f(x)=(x+3)^2(x-3)$
   이 때 극솟값은 $f(1)=-32$
   $$m=32$$
(ⅰ), (ⅱ)의 경우에서 m의 최댓값은 32

20 선분 DE가 최소가 될 때는 다음 그림과 같이 수선 AH가 원
   의 지름일 때이다.

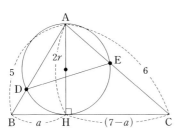

삼각형 ACH에서 $(7-a)^2+(2r)^2=6^2 \cdots$ ㉠
삼각형 ABH에서 $a^2+(2r)^2=5^2 \cdots$ ㉡
㉠$-$㉡을 하면 $a^2-14a+49-a^2=11$

$14a=38$

$a=\dfrac{19}{7}$

㉡에 대입하여 r을 구하면

$\left(\dfrac{19}{7}\right)^2+4r^2=25$

$4r^2=25-\dfrac{361}{49}=\dfrac{864}{49}$

$r^2=\dfrac{216}{49}$

$r=\dfrac{6\sqrt{6}}{7}$

삼각형 ABC에서

$\cos A=\dfrac{5^2+6^2-7^2}{2\times 5\times 6}=\dfrac{1}{5}$

$\sin^2 A+\cos^2 A=1$이므로

$\sin^2 A+\dfrac{1}{25}=1$

$\sin^2 A=\dfrac{24}{25}$

$\sin A=\dfrac{2\sqrt{6}}{5}$ ($A<180°$이므로 $\sin A>0$)

삼각형 ADE의 외접원의 반지름의 길이를 r이라 하면

$\dfrac{\overline{DE}}{\sin A}=2r$이므로

$\overline{DE}=2r\times \sin A=2\times \dfrac{6\sqrt{6}}{7}\times \dfrac{2\sqrt{6}}{5}=\dfrac{144}{35}$

$\therefore \overline{DE}$의 최솟값$=\dfrac{144}{35}$

21

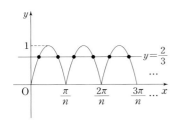

$y=|\sin nx|$의 주기는 $\dfrac{\pi}{n}$이고 한 주기마다 2개의 실근을 가

지므로 $0\le x\le 2\pi$에서 방정식 $|\sin nx|=\dfrac{2}{3}$의 서로 다른

실근의 개수는

$a_n=2\times \dfrac{2\pi}{\frac{\pi}{n}}=4n$

또한 서로 다른 모든 실근의 합은

$b_n=\left(0+\dfrac{\pi}{n}\right)+\left(\dfrac{\pi}{n}+\dfrac{2\pi}{n}\right)+\left(\dfrac{2\pi}{n}+\dfrac{3\pi}{n}\right)+\left(\dfrac{3\pi}{n}+\dfrac{4\pi}{n}\right)$

$\qquad +\cdots+\left\{\left(2\pi-\dfrac{\pi}{n}\right)+2\pi\right\}$

$=\dfrac{\pi}{n}+\dfrac{3\pi}{n}+\dfrac{5\pi}{n}+\dfrac{7\pi}{n}+\cdots+\dfrac{(4n-1)\pi}{n}$

$=\dfrac{\pi}{n}[\{1+5+9+\cdots+(4n-3)\}+\{3+7+11+\cdots$

$\qquad\qquad\qquad\qquad +(4n-1)\}]$

$=\dfrac{\pi}{n}\{(2n^2-n)+(2n^2+1)\}$

$=\dfrac{\pi}{n}\times 4n^2$

$=4n\pi$

$a_5=4\times 5=20$, $b_6=4\times 6\times \pi=24\pi$

$a_5 b_6=20\times 24\pi=480\pi$

$\therefore k=480$

22   $h(x)=\begin{cases} f(x) & (f(x)\ge g(x)) \\ g(x) & (f(x)<g(x)) \end{cases}$

$h(x)$가 극솟값 3을 가진다고 하였으므로 $f(x), g(x), h(x)$
는 다음 그림과 같다.

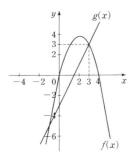

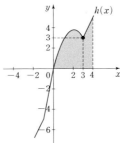

$h(x)$의 극솟값이 3일 때의 x값을 구하면

$-x^2+4x=3$

$x^2-4x+3=0$

$(x-1)(x-3)=0$

$x=3$(극솟값이 3)

$(3, 3)$을 $g(x)$에 대입하면

$3=2 \times 3 -a$

$a=3$

위의 그림에서 색칠한 부분의 넓이를 구해야하므로

$$\int_0^4 h(x)dx = \int_0^3 f(x)dx + \int_3^4 g(x)dx$$
$$= \int_0^3 (-x^2+4x)dx + \int_3^4 (2x-3)dx$$
$$= \left[-\frac{1}{3}x^3+2x^2 \right]_0^3 + \left[x^2-3x \right]_3^4$$
$$= 9+4$$
$$= 13$$

$\therefore \int_0^4 h(x)dx = 13$

23   $\log_a b = \frac{3}{2}$에서 $b=a^{\frac{3}{2}}$

$\log_c d = \frac{3}{4}$에서 $d=c^{\frac{3}{4}}$

$b=a^{\frac{3}{2}}$에서 a를 p^2, b를 p^3으로 치환한다.

$d=c^{\frac{3}{4}}$에서 c를 q^4, d를 q^3으로 치환한다.

문제에서 $a-c=19$라고 하였으므로

$p^2-q^4=19=(p+q^2)(p-q^2)$

a, b, c, d는 모두 자연수이므로

$p=10$, $q=3$이 된다. 이를 대입하여 $b-d$의 값을 구하면

$b-d=p^3-q^3$
$$=10^3-3^3$$
$$=1000-27$$
$$=973$$

$\therefore b-d=973$

24   조건 (가)에 의하여 ab는 12의 약수이고, $c+d+e \geq 3$이므로 $ab=1$, $ab=2$, $ab=3$, $ab=4$인 경우로 나누어 생각할 수 있다.

(i) $ab=1$인 경우

(a, b)는 $(1, 1)$의 한 가지

이 각각에 대하여 $c+d+e=12$이고 조건 (나)를 만족시키려면 c, d, e가 모두 짝수이어야 한다.

$c=2c'+2$, $d=2d'+2$, $e=2e'+2$

(c', d', e')는 음이 아닌 정수로 놓으면,

$c'+d'+e'=3$

이를 만족시키는 모든 순서쌍 (c', d', e')의 개수는 서로 다른 3개에서 3개를 택하는 중복조합의 수와 같으므로

$_3H_3 = {}_{3+3-1}C_3 = {}_5C_3 = 10$

따라서 이 경우의 수는 $1 \times 10 = 10$

(ii) $ab=2$인 경우

(a, b)는 $(1, 2)$, $(2, 1)$의 두 가지

이 각각에 대하여 $c+d+e=6$이고 조건 (나)를 만족시키려면 c, d, e가 모두 짝수이거나 c, d, e 중 2개는 홀수, 1개는 짝수이어야 한다.

짝수가 되는 경우는 $(2, 2, 2)$인 경우뿐이다.

c, d, e중에서 홀수가 될 2개를 택하는 경우의 수는

$_3C_2 = 3$

이 각각에 대하여 홀수 2개를 $2p+1$, $2q+1$, 짝수 1개를 $2r+2$(p, q, r은 음이 아닌 정수)로 놓으면

$p+q+r=1$

이를 만족시키는 (p, q, r)의 개수는 3가지이므로

이 경우의 수는 $3 \times 3 = 9$

따라서 이 경우의 수는 $2 \times (1+9) = 20$

(iii) $ab=3$인 경우

(a, b)는 $(1, 3)$, $(3, 1)$의 두 가지

이 각각에 대하여 $c+d+e=4$이고 조건 (나)를 만족시킬 수 없다.

(iv) $ab=4$인 경우

(a, b)는 $(1, 4)$, $(2, 2)$, $(4, 1)$에서 조건 (가), (나)를 모두 만족시키는 경우는 (a, b)가 $(2, 2)$일 때 (c, d, e)가 $(1, 1, 1)$뿐이므로 이 경우의 수는 1

(i)~(iv)에 의하여 구하는 순서쌍의 개수는

$10+20+1=31$

25   $\sum_{i=1}^{5} (ax_i+b-y_i)^2$

$= (ax_1+b-y_1)^2 + (ax_2+b-y_2)^2 + \cdots + (ax_5+b-y_5)^2$

$= (-2a+b-1)^2 + (-a+b-2)^2 + (b-3)^2$
$$+ (a+b-2)^2 + (2a+b-4)^2$$

$= \{ (-2a+b-1)^2 + (2a+b-4)^2 \} + \{ (-a+b-2)^2$
$$+ (a+b-2)^2 \} + (b-3)^2$$

$= (8a^2+2b^2-12a-10b+17) + (2a^2+2b^2-8b+8)$
$$+ (b^2-6b+9)$$

$= 10a^2+5b^2-12a-24b+34$

$S=10a^2+5b^2-12a-24b+34$라 하고 식을 정리하면

$S=10a^2-12a+5b^2-24b+34$

$= 10 \left(a-\frac{12}{20} \right)^2 + 5 \left(b-\frac{24}{10} \right)^2 + \frac{16}{10}$

S가 최소가 되기 위해서는 $\left(a-\frac{12}{20} \right)^2 = 0$, $\left(b-\frac{24}{10} \right)^2 = 0$을 만족해야 하므로

$a=\frac{12}{20}$, $b=\frac{24}{10}$

$\therefore a+b=3$

2020학년도 기출문제 정답 및 해설

제3교시 수학영역

01 ②	02 ①	03 ④	04 ④	05 ③	06 ③
07 ⑤	08 ①	09 ④	10 ②	11 ⑤	12 ③
13 ③	14 ①	15 ④	16 ②	17 ②	18 ⑤
19 ⑤	20 ③	21 2	22 4	23 202	24 17
25 23					

01 $2^{3x}=9$에서
$2^{3x}=(2^3)^x=8^x$, $9=3^2$
$\therefore 3^2=8^x$, $3^{\frac{2}{x}}=8$

02 $\log_x 1000+\log_{100}x^4=3\log_x 10+2\log_{10}x$
$x>1$이므로 $\log_x 10>0$, $2\log_{10}x>0$이다.
산술·기하 평균에 의하여
$3\log_x 10+2\log_{10}x \geq 2 \times \sqrt{\dfrac{3\log_{10}10}{\log_{10}x} \times \dfrac{2\log_{10}x}{\log_{10}10}}=2\sqrt{6}$
(단, 등호는 $3\log_x 10=2\log_{10}x$일 때이다.)
따라서
$3\log_x 10=2\log_{10}x$를 만족하는 $x=10^{\frac{\sqrt{6}}{2}}$일 때,
$\log_x 1000+\log_{100}x^4$은 최솟값 $2\sqrt{6}$을 갖는다.
$\therefore a=10^{\frac{\sqrt{6}}{2}}$, $m=2\sqrt{6}$
$\log_{10}a^m=\log_{10}(10^{\frac{\sqrt{6}}{2}})^{2\sqrt{6}}$
$=\log_{10}10^6$
$=6$

03 $\lim\limits_{x \to -1-} f(x)=\lim\limits_{x \to -1-}\left(\lim\limits_{n \to \infty}\dfrac{x^{2n+1}-2x^{2n}+1}{x^{2n+2}+x^{2n}+1}\right)$
$=\lim\limits_{n \to \infty}\left(\lim\limits_{x \to -1-}\dfrac{x^{2n+1}-2x^{2n}+1}{x^{2n+2}+x^{2n}+1}\right)$
$=\lim\limits_{n \to \infty}\left(\lim\limits_{x \to -1-}\dfrac{x-2+\dfrac{1}{x^{2n}}}{x^2+1+\dfrac{1}{x^{2n}}}\right)$
$=\dfrac{-1-2}{1+1}$
$=-\dfrac{3}{2}$

04 $\sum\limits_{k=308}^{400}{}_{400}C_k\left(\dfrac{4}{5}\right)^k\left(\dfrac{1}{5}\right)^{400-k}$가 주어졌고, 400은 충분히 크므로
이항분포 $B\left(400, \dfrac{4}{5}\right)$는 근사적으로 정규분포 $N(320, 8^2)$을
따른다.
평균 $E(X)=400 \times \dfrac{4}{5}=320$
분산 $V(X)=400 \times \dfrac{4}{5} \times \dfrac{1}{5}=64$
표준편차 $\sigma(X)=\sqrt{64}=8$
$P(X \geq 308)=P\left(Z \geq \dfrac{308-320}{8}\right)$
$=P(Z \geq -1.5)$
$=P(0 \leq Z \leq 1.5)+0.5$
$=0.4332+0.5$
$=0.9332$

05 $a_k=\lim\limits_{n \to \infty}\dfrac{5^{n+1}}{5^n k+4k^{n+1}}$이므로
$a_1=\lim\limits_{n \to \infty}\dfrac{5^{n+1}}{5^n+4}=5$
$a_2=\lim\limits_{n \to \infty}\dfrac{5^{n+1}}{2 \cdot 5^n+4 \cdot 2^{n+1}}=\dfrac{5}{2}$
$\vdots$
$a_4=\lim\limits_{n \to \infty}\dfrac{5^{n+1}}{4 \cdot 5^n+4^{n+2}}=\dfrac{5}{4}$
$a_p=\dfrac{5}{p}(p=1, 2, 3, 4)$
$a_5=\lim\limits_{n \to \infty}\dfrac{5^{n+1}}{5^{n+1}+4 \cdot 5^{n+1}}=\dfrac{1}{5}$
$a_6=\lim\limits_{n \to \infty}\dfrac{5^{n+1}}{6 \cdot 5^n+4 \cdot 6^{n+1}}=0$
$\vdots$

$\lim\limits_{x \to 1-} f(x)=\lim\limits_{x \to 1-}\left(\lim\limits_{n \to \infty}\dfrac{x^{2n+1}-2x^{2n}+1}{x^{2n+2}+x^{2n}+1}\right)$
$=\lim\limits_{n \to \infty}\left(\lim\limits_{x \to 1-}\dfrac{x^{2n+1}-2x^{2n}+1}{x^{2n+2}+x^{2n}+1}\right)$
$=\dfrac{1}{1}$
$=1$
$\therefore a=-\dfrac{3}{2}$, $b=1$, $\dfrac{b}{a+2}=2$

$$a_{10}=\lim_{n\to\infty}\frac{5^{n+1}}{10\cdot5^n+4\cdot10^{n+1}}=0$$

$a_q=0(q=6, 7, 8, 9, 10)$

따라서

$$\sum_{k=1}^{10}ka_k=\sum_{k=1}^{5}ka_k$$
$$=\sum_{k=1}^{4}\left(k\times\frac{5}{k}\right)+5\times\frac{1}{5}$$
$$=\sum_{k=1}^{4}5+1$$
$$=21$$

06 $f(1)-1=f(2)-2=f(3)-3=k$라고 하면 k의 값은 0, 1, 2 중 하나이다.

(i) $f(1)-1=0$인 경우

$f(1)=1, f(2)=2, f(3)=3$이고, $f(4)$와 $f(5)$의 값이 될 수 있는 경우는 $5\times5=25$가지이다.

(ii) $f(1)-1=1$인 경우

$f(1)=2, f(2)=3, f(3)=4$이고, $f(4)$와 $f(5)$의 값이 될 수 있는 경우는 $5\times5=25$가지이다.

(iii) $f(1)-1=2$인 경우

$f(1)=3, f(2)=4, f(3)=5$이고, $f(4)$와 $f(5)$의 값이 될 수 있는 경우는 $5\times5=25$가지이다.

따라서 조건을 만족하는 함수 f의 개수는 75개이다.

07 $y=|x^2-4|$의 그래프는 다음과 같다.

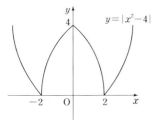

곡선 $y=|x^2-4|$와 직선 $y=x+t$와의 교점을 실수 t에 범위에 따라 함수 $g(t)$로 나타내면

$t<-2, g(t)=0$

$t=-2, g(t)=1$

$-2<t<2, g(t)=2$

$t=2, g(t)=3$

$2<t<\dfrac{17}{4}, g(t)=4$

$t=\dfrac{17}{4}, g(t)=3$

$\dfrac{17}{4}<t, g(t)=2$

함수와 직선의 교점을 구한다.

함수 $y=g(x)$와 직선 $y=\dfrac{x}{2}+2$의 그래프는 다음과 같다.

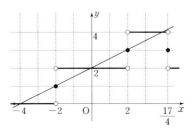

따라서 교점의 개수는 5개이다.

08 $n(A\cap B)=a, n(B-A)=b, n(U-(A\cup B))=c$라 하면

$a+b+c=4(a, b, c$는 0 이상의 정수)

따라서 가능한 순서쌍은 $(0, 0, 4), (0, 1, 3), (0, 2, 2), (1, 1, 2)$이다.

(i) 순서쌍이 $(0, 0, 4)$인 경우

a, b, c 중 하나가 4이므로 총 3가지

(ii) 순서쌍이 $(0, 1, 3)$인 경우

원소 4개를 1개, 3개로 나누는 경우의 수는 $_4C_1$가지, (a, b, c)의 순서쌍의 개수는 3!가지이다.

∴ $_4C_1\times3!=24$가지

(iii) 순서쌍이 $(0, 2, 2)$인 경우

원소 4개를 2개, 2개로 나누는 경우의 수는 $_4C_2$가지, (a, b, c)의 순서쌍의 개수는 3가지이다.

∴ $_4C_2\times3=18$가지

(iv) 순서쌍이 $(1, 1, 2)$인 경우

원소 4개를 1개, 1개, 2개로 나누는 경우의 수는 $_4C_1\times_3C_1$가지, (a, b, c)의 순서쌍의 개수는 3가지이다.

∴ $_4C_1\times_3C_1\times3=36$가지

구하는 총 경우의 수는 $3+24+18+36=81$가지이다.

09 주어진 식을 전개하여 정리한다.

$$\int_0^x(x-t)^2f'(t)dt$$
$$=\int_0^x(x^2-2tx+t^2)f'(t)dt$$
$$=x^2\int_0^xf'(t)dt-2x\int_0^xtf'(t)dt+\int_0^xt^2f'(t)dt$$
$$=\frac{3}{4}x^4-2x^3$$

함수 $f(x)$의 부정적분을 $F(x)$라 하고,

$$x^2\int_0^xf'(t)dt-2x\int_0^xtf'(t)dt+\int_0^xt^2f'(t)dt=\frac{3}{4}x^4-2x^3$$

의 양변을 x에 대하여 미분을 하면

$$2x\{f(x)-f(0)\}+x^2f'(x)-2\{xf(x)-F(x)+F(0)\}$$
$$-2x^2f'(x)+x^2f'(x)$$
$$=-2x+2F(x)-2F(0)$$

$=3x^3-6x^2(\because f(0)=1)$

$\therefore F(x)=\dfrac{3}{2}x^3-3x^2+x+F(0)$

$\displaystyle\int_0^1 f(x)dx=F(1)-F(0)$

$\qquad\qquad=\dfrac{3}{2}-3+1+F(0)-F(0)$

$\qquad\qquad=-\dfrac{1}{2}$

10　17보다 작은 정수의 제곱수는 0, 1, 4, 9, 16이다. 0, 1, 4, 9, 16 중 합이 17이 되는 경우는 (0, 0, 1, 16), (0, 4, 4, 9) 두 가지이다.

(ⅰ) (0, 0, 1, 16)의 경우

　　a, b, c, d 중 두 수는 0이고, 하나는 ±1, 나머지 하나는 ±4이다. 따라서 총 경우는 $_4C_1\times_3C_1\times2\times2=48$가지이다.

(ⅱ) (0, 4, 4, 9)의 경우

　　a, b, c, d 중 두 수는 ±2이고, 하나는 0, 나머지 하나는 ±3이다. 따라서 총 경우는 $_4C_1\times_3C_1\times2\times2\times2=96$가지이다.

따라서 구하는 총 경우의 수는 $48+96=144$가지이다.

11　$P(x)=ax^3+bx^2+cx+d$이므로

$P'(x)=3ax^2+2bx+c$

$0\leq x\leq1$에서 $|P'(x)|\leq1$이므로 $-1\leq P'(x)\leq1$이다.

$P'(x)=3ax^2+2bx+c$에서 a의 값이 최대가 되기 위해서는 $P'(x)$의 그래프는 아래로 볼록이며, 점 $(0, 1)$, $(1, 1)$을 지나고, $x=\dfrac{1}{2}$을 축으로 하며 y의 값은 -1이어야 한다.

($\because a$가 최대라면 이차함수의 폭이 좁아야 한다.)

$P'(0)=c=1$, $P'(1)=3a+2b+1=1$,

$P'\left(\dfrac{1}{2}\right)=\dfrac{3}{4}a+b+1=-1$

$3a+2b=0$, $\dfrac{3}{4}a+b=-2$의 식을 연립하면

$a=\dfrac{8}{3}$, $b=-4$

따라서 a의 최댓값은 $\dfrac{8}{3}$이다.

12　함수 $g(x)$가 $x=-1$, $x=5$에서 미분이 가능하고 미분계수가 모두 0이므로

$f'(-1)=f'(5)=0$, $f'(x)=3(x+1)(x-5)$

($\because f(x)$의 삼차항의 계수가 1)

$f'(x)=3x^2-12x-15$, $f(x)=x^3-6x^2-15x+C(C$는 상수)

ㄱ. 함수 $f(x)$ 삼차항의 계수가 양수이므로 $x=-1$에서 극

댓값, $x=5$에서 극솟값을 갖는다.

ㄴ. $f(9)=0$이면 $729-486-135+C=0$, $C=-108$이고, $a=|f(-1)|=100$, $b=|f(5)|=208$이므로 $a<b$이다.

ㄷ. $a=b$이면 $|f(-1)|=|f(5)|$, $|C+8|=|C-100|$이다. 따라서 $C=46$이다.

13　$(g\circ f)(x)=g(f(x))=\begin{cases}1\ (f(x)>0)\\0\ (f(x)\leq0)\end{cases}$이므로, 합성함수 $(g\circ f)(x)$가 연속이려면 모든 실수 x에 대하여 $f(x)>0$ 또는 $f(x)\leq0$이어야 한다.

(ⅰ) $f(x)>0$

　　$f(x)=(a-3)(x^2+2bx+c)$의 최고차항의 계수는 양수이고, 이차방정식의 판별식 $\dfrac{D}{4}=b^2-c<0$을 만족해야 한다.

　　$a-3>0$이면 $a>3$

　　$a=4, 5, 6$

　　$b^2-c<0$이면 $b^2<c$

　　$b=1$이면 $c=2, 3, 4, 5, 6$, $b=2$이면 $c=5, 6$

　　따라서 경우의 수는 $3\times(5+2)=21$가지이다.

(ⅱ) $f(x)\leq0$

　　$f(x)=(a-3)(x^2+2bx+c)$의 최고차항의 계수는 음수이고, 이차방정식의 판별식 $\dfrac{D}{4}=b^2-c\leq0$을 만족해야 한다.

　　$a-3<0$이면 $a<3$

　　$a=1, 2$

　　$b^2-c\leq0$이면 $b^2\leq c$

　　$b=1$이면 $c=1, 2, 3, 4, 5, 6$, $b=2$이면 $c=4, 5, 6$

　　따라서 경우의 수는 $2\times(6+3)=18$가지이다.

(ⅲ) $a-3=0$

　　$a-3=0$인 경우 b, c의 값에 상관없이 합성함수 $(g\circ f)$ (x)가 연속이다.

　　따라서 경우의 수는 $6\times6=36$가지이다.

구하는 총 경우의 수는 $21+18+36=75$가지이다.

따라서 합성함수 $(g\circ f)(x)$가 연속일 확률은

$\dfrac{75}{6\times6\times6}=\dfrac{25}{72}$이다.

14　(가)의 모든 실수 t에 대하여 $\displaystyle\int_{a-t}^{a+t}f(x)dx=0$이므로 함수 $f(x)$는 점 $(a, f(a))$를 기준으로 대칭이고, $f(a)=0$이다.

(나)에서 $f(a)=f(0)$이므로 (가)에 의하여

$f(0)=f(a)=f(2a)=0$

$\therefore f(x)=x(x-a)(x-2a)(a>0)$

$$f(x)=x(x-a)(x-2a)$$
$$=x^3-3ax^2+2a^2x$$
$$\int_0^a f(x)dx=\int_0^a(x^3-3ax^2+2a^2x)dx$$
$$=\left[\frac{1}{4}x^4-ax^3+a^2x^2\right]_0^a$$
$$=\frac{1}{4}a^4$$
$$=144$$
$$\therefore a=2\sqrt{6}\,(\because a>0)$$

15 두 곡선의 교점에 대하여 구한다.

곡선 $y=x^3+4x^2-6x+5$, $y=x^3+5x^2-9x+6$의 교점은

$x^3+4x^2-6x+5=x^3+5x^2-9x+6$, $x^2-3x+1=0$

$x^2-3x+1=0$의 두 근이 두 곡선의 교점의 x좌표인 α, β

이다.

근과 계수와의 관계에 의하여

$\alpha+\beta=3$, $\alpha\beta=1$, $\beta-\alpha=\sqrt{5}\,(\because \alpha<\beta)$

곡선 $y=6x^5+4x^3+1$과 두 직선 $x=\alpha$, $x=\beta$와 x축으로

둘러싸인 부분의 넓이를 식으로 나타내면

$\int_\alpha^\beta(6x^5+4x^3+1)dx$이다.

$$\int_\alpha^\beta(6x^5+4x^3+1)dx=\left[x^6+x^4+x\right]_\alpha^\beta$$
$$=(\beta^6+\beta^4+\beta)-(\alpha^6+\alpha^4+\alpha)$$
$$=(\beta^6-\alpha^6)+(\beta^4-\alpha^4)+(\beta-\alpha)$$
$$=(\beta^3+\alpha^3)(\beta^3-\alpha^3)+(\beta^2+\alpha^2)(\beta^2-\alpha^2)+(\beta-\alpha)$$
$$=(\beta+\alpha)(\beta-\alpha)(\beta^2+\alpha\beta+\alpha^2)(\beta^2-\alpha\beta+\alpha^2)$$
$$\qquad+(\beta^2+\alpha^2)(\beta^2-\alpha^2)+(\beta-\alpha)$$
$$=3\times\sqrt{5}\times8\times6+7\times3\times\sqrt{5}+\sqrt{5}$$
$$=166\sqrt{5}$$
$$\therefore a=166$$

16 (가)에서 $f(x)=0$이 서로 다른 세 실근을 가지므로 함수

$f(x)$는 하나의 중근을 갖는다.

(나)에서 두 극솟값의 곱이 0이 아닌 25이므로 a의 값은 2

이다.

$\therefore f(x)=kx(x-1)^2(x-2)\,(k>0)$

$f(x)=kx(x-1)^2(x-2)$이므로

$f'(x)$

$=k(x-1)^2(x-2)+2kx(x-1)(x-2)+kx(x-1)^2$

$=2k(x-1)(2x^2-4x+1)$

따라서 $x=1\pm\dfrac{1}{\sqrt{2}}$일 때, 극솟값을 갖고, 두 극솟값의 곱은

25이다.

$f\left(1+\dfrac{1}{\sqrt{2}}\right)\times f\left(1-\dfrac{1}{\sqrt{2}}\right)$

$=k^2\left(1+\dfrac{1}{\sqrt{2}}\right)\left(\dfrac{1}{\sqrt{2}}\right)^2\left(-1+\dfrac{1}{\sqrt{2}}\right)\left(1-\dfrac{1}{\sqrt{2}}\right)\left(\dfrac{1}{\sqrt{2}}\right)^2$

$$\left(-1-\dfrac{1}{\sqrt{2}}\right)$$

$=\dfrac{1}{16}k^2$

$=25$

따라서 k는 20이다.

$\therefore a=2$, $k=20$, $ak=40$

17 $f(x-y)=f(x)-f(y)+3xy(x-y)$에

$y=0$을 대입하면

$f(x)=f(x)-f(0)$, $f(0)=0$

$f(x-y)-f(x)+f(y)=3xy(x-y)$

$f(x-y)-f(x)+f(y)-f(0)=3xy(x-y)$

양변을 0이 아닌 y로 나누면

$\dfrac{f(x-y)-f(x)}{y}+\dfrac{f(y)-f(0)}{y}=3x(x-y)$

위의 식을 y가 0으로 가는 극한을 취하면

$$\lim_{y\to0}\dfrac{f(x-y)-f(x)}{y}+\lim_{y\to0}\dfrac{f(y)-f(0)}{y}$$
$$=\lim_{y\to0}3x(x-y)$$

$-f'(x)+f'(0)=3x^2$

$\therefore f'(x)=-3x^2+f'(0)$

함수 $f(x)$가 $x=2$에서 극댓값을 가지므로

$f'(2)=-12+f'(0)=0$, $f'(0)=12$

$f'(x)=-3x^2+12$이므로

$f(x)=-x^3+12x\,(\because f(0)=0)$

함수 $f(x)$는 $x=2$에서 극댓값 16을 가진다.

$\therefore a=16$, $b=12$, $b-a=4$

18 a_1부터 a_{12}까지의 자연수 중 a_1과 a_{12}는 한 번씩만 연산이 되

므로 1과 12의 가운데 두 수 6과 7을 a_1, a_{12}으로 놓으면

$|a_1-a_{12}|+|a_2-a_3|+|a_3-a_4|+\cdots+|a_{11}-a_{12}|$의 값

이 최대가 된다.

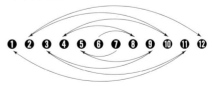

$a_1=6$이면 $a_{12}=7$, $a_{12}=80$이면 $a_{11}=9$, $\cdots$

수의 나열은 6, 8, 4, 10, 2, 12, 1, 11, 3, 9, 5, 7이다.

따라서

$|a_1-a_{12}|+|a_2-a_3|+|a_3-a_4|+\cdots+|a_{11}-a_{12}|$의 최

댓값은 71이다.

19 $\log_a(x+\sqrt{2}y)+\log_a(x-\sqrt{2}y)=2$이므로

$\log_a(x^2-2y^2)=2$

$x^2-2y^2=4\,(x>|\sqrt{2}y|)$

$|x|-|y|=k$로 치환하여 $x^2-2y^2=4$에 대입하면

$x^2-2(x^2-2k|x|+k^2)=4$

$-x^2+4k|x|-2k^2-4=0$

$x^2-4k|x|+2k^2+4=0$

이차방정식이 실수인 근을 가지므로 판별식 $D\geq 0$이다.

$\dfrac{D}{4}=(2k)^2-2k^2-4=2k^2-4\geq 0$

$\therefore k\geq\sqrt{2},\ |x|-|y|\geq\sqrt{2}$

20 $\dfrac{1}{a}+\dfrac{1}{b}\leq 4,\ a+b\leq 4ab$

$(a-b)^2=(a+b)^2-4ab=16(ab)^3$

$(a+b)=x,\ ab=y$로 치환을 하면

$x\leq 4y,\ x^2-4y=16y^3,\ x^2=16y^3+4y$

$x\leq 4y$이므로 $x^2\leq 16y^2,\ x^2=16y^3+4y$을 대입하면

$16y^3+4y\leq 16y^2$

$16y^3-16y^2+4y\leq 0$

$4y(4y^2-4y+1)\leq 0$

$a,\ b$가 양수이므로 y도 양수이다.

따라서 $(4y^2-4y+1)\leq 0$을 만족하는 y의 값은 $\dfrac{1}{2}$이다.

$\therefore y=ab=\dfrac{1}{2},\ x=a+b=2$

21 $x^3+ax-1=0\,(a>0)$의 실근이 r이므로

$r^3+ar-1=0$

$\displaystyle\sum_{n=1}^{\infty}r^{3n-2}$이 수렴함을 이용해 a를 구한다.

$\displaystyle\sum_{n=1}^{\infty}r^{3n-2}=r+r^4+r^7+\cdots=\dfrac{1}{2}$

$\displaystyle\sum_{n=1}^{\infty}r^{3n-2}$이 수렴하므로 r^3의 범위는 $-1<r^3<1$이다.

$\therefore\displaystyle\sum_{n=1}^{\infty}r^{3n-2}=\dfrac{r}{1-r^3}=\dfrac{1}{2}$

$\dfrac{r}{1-r^3}=\dfrac{1}{2}$이므로

$2r=1-r^3,\ r^3+2r-1=0$

$\therefore a=2$

22 상자 A에서 검은 공이 나올 확률 $\mathrm{P}(A)$는 $\dfrac{2}{4}=\dfrac{1}{2}$이다.

상자 B에서 검은 공이 나올 확률 $\mathrm{P}(B)$는 $\dfrac{1}{4}$이다.

구하는 확률 $\mathrm{P}(B\,|\,A\cup B)$는

$\mathrm{P}(B\,|\,A\cup B)=\dfrac{\mathrm{P}(B)}{\mathrm{P}(A)+\mathrm{P}(B)}=\dfrac{\frac{1}{4}}{\frac{1}{2}+\frac{1}{4}}=\dfrac{1}{3}$

$\therefore p=1,\ q=3,\ p+q=4$

23 $\left|n-\sqrt{m-\dfrac{1}{2}}\,\right|<1$이므로

$-1<n-\sqrt{m-\dfrac{1}{2}}<1$

$-1-n<-\sqrt{m-\dfrac{1}{2}}<1-n$

$n-1<\sqrt{m-\dfrac{1}{2}}<n+1$

$(n-1)^2+\dfrac{1}{2}<m<(n+1)^2+\dfrac{1}{2}$

$\therefore a_n=(n+1)^2-(n-1)^2=4n$

$\dfrac{1}{100}\displaystyle\sum_{n=1}^{100}a_n=\dfrac{1}{100}\sum_{n=1}^{100}4n$

$\qquad=\dfrac{1}{100}\times 4\times\dfrac{100\times 101}{2}$

$\qquad=202$

24 $S_n=\displaystyle\sum_{k=1}^{n}\dfrac{1}{\sqrt{2k+1}}$의 일반항 $a_n=\dfrac{1}{\sqrt{2n+1}}$이다.

$\dfrac{1}{\sqrt{2n+1}}<\dfrac{1}{\sqrt{2n-1}}$이므로

$\dfrac{1}{\sqrt{2n+1}}<\dfrac{2}{\sqrt{2n-1}+\sqrt{2n+1}}=\sqrt{2n+1}-\sqrt{2n-1}$

$\dfrac{1}{\sqrt{2n+1}}>\dfrac{1}{\sqrt{2n+3}}$이므로

$\dfrac{1}{\sqrt{2n+1}}>\dfrac{2}{\sqrt{2n+1}+\sqrt{2n+3}}=\sqrt{2n+3}-\sqrt{2n+1}$

따라서 일반항 a_n의 범위는

$\sqrt{2n+3}-\sqrt{2n+1}<\dfrac{1}{\sqrt{2n+1}}<\sqrt{2n+1}-\sqrt{2n-1}$

$S_{179},\ S_{180}$의 범위를 구하면

$\displaystyle\sum_{k=1}^{179}(\sqrt{2k+3}-\sqrt{2k+1})=\sqrt{361}-\sqrt{3}$

$\sqrt{1}=1,\ \sqrt{4}=2$이므로

$19-2<\sqrt{361}-\sqrt{3}<S_{179}<S_{180}$

$\displaystyle\sum_{k=1}^{180}(\sqrt{2k+1}-\sqrt{2k-1})=\sqrt{361}-1=18$

$\therefore 17<S_{179}<S_{180}<18$

따라서 S_{180}의 정수 부분은 17이다.

25 $g(a)$를 간단한 표현으로 나타낸다.

$g(a)$

$=\displaystyle\lim_{n\to\infty}\dfrac{f(a)+f\left(a-\frac{2}{n}\right)+f\left(a-\frac{4}{n}\right)+\cdots+f\left(a-\frac{2(n-1)}{n}\right)}{n}$

$=\displaystyle\lim_{n\to\infty}\dfrac{\sum_{k=1}^{n}f\left(a-\frac{2(k-1)}{n}\right)}{n}$

$=\displaystyle\lim_{n\to\infty}\sum_{k=1}^{n}f\left(a-\dfrac{2(k-1)}{n}\right)\cdot\dfrac{2}{n}\cdot\dfrac{1}{2}$

$=\dfrac{1}{2}\displaystyle\int_{a-2}^{a}f(x)\,dx$

$$f(x)=\begin{cases} \dfrac{[x]^2+x}{[x]} & (1\le x<3) \\ \dfrac{7}{2} & (x\ge 3) \end{cases} \text{이므로}$$

$$f(x)=f(x)=\begin{cases} 1+x & (1\le x<2) \\ \dfrac{4+x}{2} & (2\le x<3) \\ \dfrac{7}{2} & (x\ge 3) \end{cases}$$

함수 $f(x)$의 그래프는 다음과 같다.

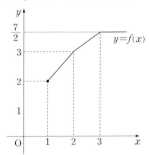

$$g(3)=\frac{1}{2}\int_1^3 f(x)dx$$

$$=\frac{1}{2}\int_1^2 f(x)dx+\frac{1}{2}\int_2^3 f(x)dx$$

$$=\frac{1}{2}\left\{\frac{1}{2}\times(2+3)+\frac{1}{2}\times\left(3+\frac{7}{2}\right)\right\}$$

$$=\frac{23}{8}$$

$$\therefore 8\times g(3)=8\times\frac{23}{8}=23$$

2019학년도 기출문제 정답 및 해설

제3교시 **수학영역**

01 ②	**02** ④	**03** ⑤	**04** ④	**05** ④	**06** ③
07 ②	**08** ②	**09** ⑤	**10** ⑤	**11** ①	**12** ④
13 ⑤	**14** ③	**15** ①	**16** ⑤	**17** ①	**18** ②
19 ①	**20** ③	**21** 7	**22** 13	**23** 172	**24** 3
25 40					

01 등차수열 $\{a_n\}$에서 첫째항을 a_1, 공차를 d라고 하면

$a_1+a_3=10$에서 $a_1+(a_1+2d)=10$

$a_1+d=5$

$a_6+a_8=40$에서 $(a_1+5d)+(a_1+7d)=40$,

$a_1+6d=20$

두 식을 연립하면 $a_1=2$, $d=3$

$a_{10}+a_{12}+a_{14}+a_{16}$

$=(a_1+9d)+(a_1+11d)+(a_1+13d)+(a_1+15d)$

$=4a_1+(9+11+13+15)d$

$=4a_1+48d$

$=4\times2+48\times3$

$=8+144$

$=152$

02 $1\leq a\leq|b|\leq|c|\leq7$을 만족하는 모든 순서쌍

$(a,|b|,|c|)$의 개수는 1, 2, 3, 4, 5, 6, 7 중에서 중복을 허락하여 3개를 택하는 중복조합의 수와 같으므로

$_7H_3=_{7+3-1}C_3=_9C_3=\dfrac{9\times8\times7}{3\times2\times1}=84$

이때 정수 b, c는 각각 절댓값이 같고 부호가 다른 두 개의 값을 가질 수 있으므로 순서쌍의 개수는 $84\times2\times2=336$

03 $x^2-x-6\leq0$을 만족하는 모든 실수가 $x^2-2x+k\leq0$을 만족하지 않는다.

즉, $-2\leq x\leq3$인 모든 실수가 $x^2-2x+k>0$을 만족한다.

$y=x^2-2x+k$

$=(x^2-2x+1)-1+k$

$=(x-1)^2+k-1$

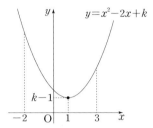

즉 이차함수의 최솟값 $k-1$은 항상 양수이어야

$-2\leq x\leq3$에서 모든 실수가 $x^2-2x+k>0$을 만족한다.

$k>1$이므로 정수 k의 최솟값은

∴ 2

04 $(3x+2y)^2=9x^2+12xy+4y^2$

$=36\left(\dfrac{x^2}{4}+\dfrac{y^2}{9}\right)+12xy$

$=36+12xy$

$\dfrac{x^2}{4}+\dfrac{y^2}{9}\geq2\sqrt{\dfrac{x^2}{4}\times\dfrac{y^2}{9}}$

$1\geq2\times\dfrac{x}{2}\times\dfrac{y}{3}$

$xy\leq3$

따라서 $(3x+2y)^2\leq36+12\times3$, $(3x+2y)^2\leq72$

∴ 최댓값$=72$

다른풀이

코시-슈바르츠 부등식을 이용하면

$(3x+2y)^2\leq(6^2+6^2)\left\{\left(\dfrac{x}{2}\right)^2+\left(\dfrac{y}{3}\right)^2\right\}$

이때, $\dfrac{x^2}{4}+\dfrac{y^2}{9}=1$이므로

$(3x+2y)^2\leq72\times1$

∴ 최댓값$=72$

05 $n(A\cap B)\leq2$의 만족하는 집합 B를 찾기 위해

$n(A\cap B)=0$, $n(A\cap B)=1$, $n(A\cap B)=2$로 나눠 구해보자.

먼저 $n(A\cap B)=0$의 경우 $A=\{1, 2, 3\}$이므로

집합 B는 4, 5 원소만으로 이루어져야 한다.

즉 집합 B의 개수는 $2^2=4$

$n(A\cap B)=1$의 경우 $A\cap B$가 될 수 있는 집합은

{1}, {2}, {3}로 3가지이고

이 경우 $n(A \cap B) = 0$에서 구한 집합들과 합집합도

$n(A \cap B) = 1$을 만족한다.

{1}의 경우 집합 B가 될 수 있는 집합은

{1, 4}, {1, 5}, {1, 4, 5}, {1}로 4가지

마찬가지로 {2}, {3}의 경우도 각각 4가지

따라서 만족하는 집합 B의 개수는 $3 \times 4 = 12$

$n(A \cap B) = 2$의 경우 $A \cap B$가 될 수 있는 집합은 $_3C_2$

{1, 2}, {1, 3}, {2, 3}

또한 $n(A \cap B) = 0$, $n(A \cap B) = 1$과의 합집합이 모두

$n(A \cap B) = 2$를 만족하므로 집합 B의 개수는

$3 \times 4 = 12$

$\therefore 4 + 12 + 12 = 28$

06 $\log_{ab}3 = x$, $\log_{bc}3 = y$, $\log_{ca}3 = z$라고 하면

$$\begin{cases} \log_{ab}3 + \log_{bc}9 = 4 & x + 2y = 4 \\ \log_{bc}3 + \log_{ca}9 = 5 \text{에서} & y + 2z = 5 \\ \log_{ca}3 + \log_{ab}9 = 6 & z + 2x = 6 \end{cases}$$

세 방정식을 연립하면

$x = 2$, $y = 1$, $z = 2$

$\log_{ab}3 = 2$, $\log_{bc}3 = 1$, $\log_{ca}3 = 2$

$ab = \sqrt{3}$, $bc = 3$, $ca = \sqrt{3}$

세 수를 모두 곱하면 $(abc)^2 = 9$

$\therefore abc = 3$

07 선분 AB와 평행하고 포물선 $y = f(x)$ 위의 점 a(a는 실수)

에 접하는 직선을 l이라 하면

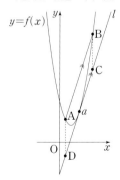

$f(x) = x^2 - 4x + 7$

$f'(x) = 2x - 4$

직선 AB의 기울기는 $\dfrac{19 - 4}{6 - 1} = \dfrac{15}{5} = 3$

포물선 위의 점 a에서의 접선 l의 기울기도 3임을 알 수 있다.

즉, $f'(a) = 3$, $2a - 4 = 3$, $a = \dfrac{7}{2}$

$f\left(\dfrac{7}{2}\right) = \left(\dfrac{7}{2}\right)^2 - 4 \times \dfrac{7}{2} + 7 = \dfrac{21}{4}$

따라서 접선 l은 $y = 3\left(x - \dfrac{7}{2}\right) + \dfrac{21}{4}$

$y = 3x - \dfrac{21}{4}$

점 D는 접선 l과 $x = 1$이 만나는 점이므로

$3 \times 1 - \dfrac{21}{4} = -\dfrac{9}{4}$

점 D의 좌표는 $\left(1, -\dfrac{9}{4}\right)$이므로

$\overline{AD}$의 길이는 x의 좌표가 같으므로

$4 - \left(-\dfrac{9}{4}\right) = \dfrac{25}{4}$

따라서 평행사변형 ABCD의 넓이는 $\overline{AB} \times \overline{AD}$이므로

$\therefore (6 - 1) \times \dfrac{25}{4} = \dfrac{125}{4}$

08 주머니 A에는 1, 2, 3, 4

주머니 B에는 1, 2, 3, 4, 5가 적힌 공이 있을 때,

확률변수 X는 주머니 A, B에서 공을 꺼내어 나오는 두 자연

수 중 작지 않은 수이므로

즉, 두 자연수 중 크거나 같은 수를 X라 하고

X는 1, 2, 3, 4, 5가 된다.

$X = 1$을 만족하는 (A, B)의 순서쌍은 $(1, 1)$이므로

$P(X = 1) = \dfrac{1}{4} \times \dfrac{1}{5} = \dfrac{1}{20}$

$X = 2$을 만족하는 (A, B)의 순서쌍은

$(2, 1)$, $(1, 2)$, $(2, 2)$이므로

$P(X = 2) = \dfrac{1}{20} \times 3 = \dfrac{3}{20}$

$X = 3$을 만족하는 (A, B)의 순서쌍은

$(3, 1)$, $(3, 2)$, $(3, 3)$, $(1, 3)$, $(2, 3)$이므로

$P(X = 3) = \dfrac{1}{20} \times 5 = \dfrac{5}{20}$

$X = 4$을 만족하는 (A, B)의 순서쌍은

$(4, 1)$, $(4, 2)$, $(4, 3)$, $(1, 4)$, $(2, 4)$, $(3, 4)$, $(4, 4)$

이므로

$P(X = 4) = \dfrac{1}{20} \times 7 = \dfrac{7}{20}$

$X = 5$을 만족하는 (A, B)의 순서쌍은

$(1, 5)$, $(2, 5)$, $(3, 5)$, $(4, 5)$이므로

$P(X = 5) = \dfrac{1}{20} \times 4 = \dfrac{4}{20}$

확률 $P(X = x)$의 값을 이산확률분포표로 정리하면

X	1	2	3	4	5	계
$P(X = x)$	$\dfrac{1}{20}$	$\dfrac{3}{20}$	$\dfrac{5}{20}$	$\dfrac{7}{20}$	$\dfrac{4}{20}$	1

$E(X)$

$= \dfrac{1}{20}\{(1 \times 1) + (2 \times 3) + (3 \times 5) + (4 \times 7) + (5 \times 4)\}$

$$=\frac{70}{20}=\frac{7}{2}$$

09 함수 $f(x)=(x-1)^3+(x-1)$의 그래프는
$y=x^3+x$를 x축 방향으로 $(+1)$ 평행이동한 그래프이다.
또한 $y=g(x)$는 $y=f(x)$의 역함수이므로 나타내면

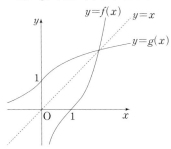

$\int_2^{10}g(x)dx$의 값은 원래 함수 $g(x)$의 식을 구해야 하지만
함수 $f(x)$의 역함수임을 이용하면 더 쉽게 구할 수 있다.

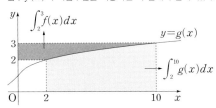

구하고자 하는 값은

$\int_2^{10}g(x)dx$

$=(10\times3)-(2\times2)-\int_2^3 f(x)dx$

$=30-4-\int_2^3\{(x-1)^3+(x-1)\}dx$

$=26-\left[\frac{1}{4}(x-1)^4+\frac{1}{2}(x-1)^2\right]_2^3$

$=26-\left\{\frac{1}{4}(2^4-1^4)+\frac{1}{2}(2^2-1^2)\right\}$

$=26-\frac{21}{4}$

$=\frac{83}{4}$

10 곡선 $y=x^2-8x+17$을 정리하면
$y=(x-4)^2+1$
꼭짓점의 좌표는 $(4,1)$
$1\le t\le3$에서 삼각형 PQR을 나타내면

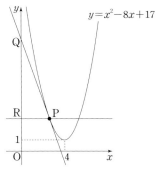

점 Q의 좌표는 접선의 방정식의 y절편이므로
$f(x)=x^2-8x+17$이라 하면
$f'(x)=2x-8$
$f'(t)=2t-8$
접선의 방정식을 구하면
$y=(2t-8)(x-t)+t^2-8t+17$
$\quad=(2t-8)x-t^2+17$
즉, $Q(0,-t^2+17)$이므로
$\overline{QR}=(-t^2+17)-(t^2-8t+17)$
$\quad\quad=-2t^2+8t$
$\overline{PR}=t$이므로

넓이 $S(t)=\frac{1}{2}\times t\times(-2t^2+8t)=t^2(4-t)$

$S(t)=t^2(4-t)$

$S'(t)=t(8-3t)$

$S'(t)=0$이 되는 $t=0$ 또는 $t=\frac{8}{3}$

$S(t)$의 그래프를 나타내면

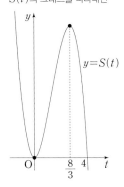

주어진 t의 범위 $1\le t\le3$에서

$S(t)$가 최대가 되는 t의 값$=\frac{8}{3}$

11 백인 → 백, 흑인 → 흑, 동양인 → 동이라고 하면
P(백)$=0.8$, P(흑)$=0.1$, P(동)$=0.1$
P(백|백)$=0.9$, P(흑|흑)$=0.9$, P(동|동)$=0.9$
P(동|백)$=0.1$, P(동|흑)$=0.1$

목격자가 동양인이라고 진술한 범인이 실제로 동양인일 확률은

$$\frac{P(동)\cdot P(동|동)}{P(백)\cdot P(동|백)+P(흑)\cdot P(동|흑)+P(동)\cdot P(동|동)}$$

$$=\frac{0.1\times 0.9}{(0.8\times 0.1)+(0.1\times 0.1)+(0.1\times 0.9)}$$

$$=\frac{9}{8+1+9}=\frac{1}{2}$$

12 $f(x)=\dfrac{ax+b}{x+c}=a+\dfrac{b-ac}{x+c}$

두 교점 P, Q의 좌표를 이용하면

$$f(0)=\frac{b}{c}=1,\ b=c$$

$$f(3)=\frac{3a+b}{3+c}=4$$

$$\frac{3a+b}{3+b}=4$$

$$3a+b=12+4b$$

$$a-b=4$$

$f(x)=a+\dfrac{b-ac}{x+c}$와 $y=x+1$의 교점을 P, Q라 하고,

곡선 $y=f(x)$ 위의 다른 두 점을 R, S라고 하면

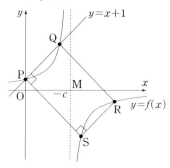

직사각형 PQRS의 넓이가 30이므로

$$\overline{PQ}\times\overline{PS}=30$$

$\overline{PQ}=\sqrt{3^2+(4-1)^2}=3\sqrt{2}$이므로

$$\overline{PS}=\frac{30}{3\sqrt{2}}=5\sqrt{2}$$

이때, $\overline{PQ}\perp\overline{PS}$이므로 기울기의 곱$=-1$

$\overline{PQ}$의 기울기$=1$이므로 $\overline{PS}$의 기울기$=-1$

특수각의 삼각비를 이용하면

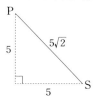

$$S(0+5,\ 1-5)=(5,\ -4)$$

마찬가지 방법으로 점 R의 좌표는

$$R(3+5,\ 4-5)=(8,\ -1)$$

직사각형 PQRS의 대각선의 교점이 두 점근선의 교점 M과 동일하므로 M의 좌표를 알 수 있다.

M=점 P와 R의 중점=점 Q와 S의 중점

$$(-c,\ a)=(4,\ 0)$$

$$c=-4,\ a=0,\ b=-4$$

따라서 $f(x)=\dfrac{-4}{x-4}$이므로

$$\therefore f(-2)=\frac{2}{3}$$

13 $a_n=\dfrac{(n!)^4}{(pn)!}$

$$a_{n+1}=\frac{\{(n+1)!\}^4}{\{p(n+1)\}!}$$

$$\frac{a_n}{a_{n+1}}$$

$$=\frac{(n!)^4}{(pn)!}\times\frac{\{p(n+1)\}!}{\{(n+1)!\}^4}$$

$$=\frac{n!\times n!\times n!\times n!\times\{p(n+1)\}!}{(n+1)!\times(n+1)!\times(n+1)!\times(n+1)!\times(pn)!}$$

$$=\frac{1}{(n+1)^4}\times\frac{(pn+p)!}{(pn)!}$$

$$=\frac{1}{(n+1)^4}\times\frac{1\times 2\times\cdots\times pn\times(pn+1)\times\cdots\times(pn+p)}{1\times 2\times\cdots\times pn}$$

$$=\frac{(pn+1)\times(pn+2)\times\cdots\times(pn+p)}{(n+1)^4}$$

$$\frac{a_n}{a_{n+1}}=\frac{(pn+1)\times(pn+2)\times\cdots\times(pn+p)}{(n+1)^4}$$

극한이 존재하려면 분자, 분모의 차수가 같아야 하므로

$$p=4$$

즉, $\displaystyle\lim_{n\to\infty}\frac{a_n}{a_{n+1}}$

$$=\lim_{n\to\infty}\frac{(4n+1)\times(4n+2)\times(4n+3)\times(4n+4)}{(n+1)^4}$$

$$=\lim_{n\to\infty}\frac{4^4n^4+\cdots}{n^4+\cdots}$$

$$=4^4$$

따라서 $\alpha=4^4$이므로 $\log_2\alpha=\log_2 4^4$

$$\therefore 8$$

14 원 위에 일정한 간격으로 8개의 점이 있다고 하면

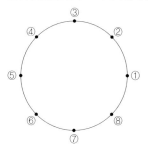

이때 세 개의 점을 연결하여 삼각형을 만드는 경우의 수는

$_8C_3=56$

①이 둔각이 되는 꼭짓점일 때 그릴 수 있는 삼각형은 다음과 같다.

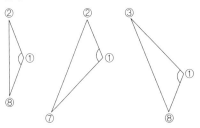

즉, 각 꼭짓점마다 3개의 둔각삼각형을 그릴 수 있으므로

$8\times3=24$

따라서 구하는 확률은

$\therefore \dfrac{24}{56}=\dfrac{3}{7}$

15 조건 (나)에서 네 수의 곱이 15의 배수라고 했으므로

5와 3의 배수 3, 6, 9 중 적어도 한 개가 뽑혀야 한다.

또한 조건 (가)에서 네 수의 합이 홀수이므로 5 이외의 3개의 합은 짝수이어야 한다.

따라서 5와 다른 합이 짝수인 경우를 구하고 이 중 3의 배수가 뽑히지 않은 경우를 제외하여 사건의 경우의 수를 구할 수 있다.

(i) 5를 제외한 홀수는 1, 3, 7, 9

짝수는 2, 4, 6, 8에서

홀수 2개, 짝수 1개인 경우 : $_4C_2\times_4C_1=24$

홀수 0개, 짝수 3개인 경우 : $_4C_3=4$

(ii) 3의 배수가 뽑히지 않은 경우는

홀수는 1, 7과 짝수는 2, 4, 8에서

홀수 2개, 짝수 1개인 경우 : $_2C_2\times_3C_1=3$

홀수 0개, 짝수 3개인 경우 : 1

사건의 경우의 수는 (i)-(ii)이므로

$(24+4)-(3+1)=24$

전체 경우의 수는 총 9개의 공 중 임의로 4개의 공을 동시에 꺼내므로 $_9C_4=126$

따라서 구하는 확률은

$\therefore \dfrac{24}{126}=\dfrac{4}{21}$

16 일반항 t^{n-1}로 주어지는 등비수열에서

$P_0 \to P_1 \to P_2 \to \cdots \to P_n$의 총 경로의 길이는 등비급수가 된다.

무수히 많은 점들이 변 DA 위에 있다는 말은 급수의 합이 3보다 크고 4보다 작다는 의미이다. 또는 급수의 합이 7보다 크고 8보다 작거나, 11보다 크고 12보다 작아도 모두 만족한

다. A → B → C → D → A로 한 바퀴를 돌고나서 다시 선분 DA에 위치할 수 있기 때문이다.

급수의 합은 $\dfrac{1}{1-t}$

$k<t<\dfrac{39}{40}$에서

$1-k>1-t>1-\dfrac{39}{40}$

$\dfrac{1}{1-k}<\dfrac{1}{1-t}<40$

위의 부등식은 39보다 크고 40보다 작다는 것을 의미하므로

$\dfrac{1}{1-k}=39$

$\therefore k=\dfrac{38}{39}$

17 $y=x^3+1$에서 $y'=3x^2$

곡선 위의 점 (t, t^3+1) (t는 실수)에서 그은 접선의 방정식은

$y=3t^2(x-t)+t^3+1$

$\quad=3t^2x-2t^3+1$

이때 점 (a, b)가 이 접선을 지나므로

$b=3t^2a-2t^3+1$을 만족하는 t가 3개가 존재해야 한다.

$2t^3-3t^2a=1-b$에서

$g(t)=2t^3-3t^2a$라 하면

$g(t)=t^2(2t-3a)$

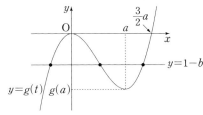

$y=1-b$가 $g(a)$와 0 사이의 범위에 있어야 실근이 3개가 된다.

즉 $g(a)<1-b<0$, $-a^3<1-b<0$, $1<b<a^3+1$

이때, a, b의 좌표평면에 $1<b$, $b<a^3+1$의 영역을 나타내면

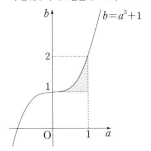

주어진 $0\le a\le 1$의 범위를 만족하는 영역은

$\therefore \displaystyle\int_0^1 (x^3+1)dx-1=\dfrac{1}{4}$

18 함수 $y=[4x]$, $y=[6x]$, $y=\left[\dfrac{x}{2}\right]$, $y=\left[\dfrac{x}{4}\right]$의

불연속인 점을 살펴보면

$y=[4x]$에서 불연속이 되는 x의 값은 $\dfrac{1}{4}$, $\dfrac{2}{4}$, $\dfrac{3}{4}$, $\dfrac{4}{4}$, $\cdots$

$y=[6x]$에서 불연속이 되는 x의 값은 $\dfrac{1}{6}$, $\dfrac{2}{6}$, $\dfrac{3}{6}$, $\dfrac{4}{6}$, $\cdots$

$y=\left[\dfrac{x}{2}\right]$에서 불연속이 되는 x의 값은 2, 4

$y=\left[\dfrac{x}{4}\right]$에서 불연속이 되는 x의 값은 4

x의 범위를 나눠보면

(i) $0<x<2$에서 $\left[\dfrac{x}{2}\right]-\left[\dfrac{x}{4}\right]=0$으로 일정

$[4x]$의 불연속인 점은 7개

$[6x]$의 불연속인 점은 11개

이때, $[4x]$, $[6x]$가 $x=\dfrac{1}{2}$, 1, $\dfrac{3}{2}$에서

동시에 정수가 되는 순간 연속이므로 $3\times2=6$개를

빼주면

$7+11-6=12$개

(ii) $x=2$에서

$f(x)=[4x]-[6x]+\left[\dfrac{x}{2}\right]-\left[\dfrac{x}{4}\right]$

$\displaystyle\lim_{x\to2-}f(x)=7-11+0+0=-4$

$\displaystyle\lim_{x\to2+}f(x)=8-12+1+0=-3$

$\displaystyle\lim_{x\to2-}f(x)\neq\lim_{x\to2+}f(x)$이므로 불연속이다.

(iii) $2<x<4$에서 $\left[\dfrac{x}{2}\right]-\left[\dfrac{x}{4}\right]=1$로 일정

불연속인 점은 $0<x<2$와 같이 12개

(iv) $x=4$에서

$f(x)=[4x]-[6x]+\left[\dfrac{x}{2}\right]-\left[\dfrac{x}{4}\right]$

$\displaystyle\lim_{x\to4-}f(x)=15-23+1-0=-7$

$\displaystyle\lim_{x\to4+}f(x)=16-24+2-1=-7$

$f(4)=16-24+2-1=-7$

$\displaystyle\lim_{x\to4-}f(x)=\lim_{x\to4+}f(x)=f(4)$이므로 연속이다.

(v) $4<x<5$에서 $\left[\dfrac{x}{2}\right]-\left[\dfrac{x}{4}\right]=1$로 일정

불연속인 점은 $0<x<1$과 같이 6개

(i)~(v)을 통해 함수 $f(x)$가 불연속이 되는 실수 a의 개수는

$\therefore 12+1+12+6=31$

19 함수 $f(x)$에서 극한값은 x^{2n}, x^{-2n}꼴로 되어있으므로 x는

$|x|$를 기준으로 범위를 나눠 구한다.

(i) $0<|x|<1$일 때,

$\displaystyle\lim_{n\to\infty}x^{2n}=0$, $\displaystyle\lim_{n\to\infty}x^{-2n}=\infty$이므로

$f(x)=\displaystyle\lim_{n\to\infty}\dfrac{x(x^{2n}-x^{-2n})\div(x^{-2n})}{(x^{2n}+x^{-2n})\div(x^{-2n})}$

$=\displaystyle\lim_{n\to\infty}\dfrac{x(x^{4n}-1)}{x^{4n}+1}$

$=-x$

(ii) $|x|>1$일 때,

$\displaystyle\lim_{n\to\infty}x^{2n}=\infty$, $\displaystyle\lim_{n\to\infty}x^{-2n}=0$이므로

$f(x)=\displaystyle\lim_{n\to\infty}\dfrac{x(x^{2n}-x^{-2n})\div(x^{2n})}{(x^{2n}+x^{-2n})\div(x^{2n})}$

$=\displaystyle\lim_{n\to\infty}\dfrac{x(1-x^{-4n})}{1+x^{-4n}}$

$=x$

(iii) $|x|=1$일 때, $f(x)=0$

(i)~(iii)에서 함수 $f(x)$의 식은

$f(x)=\begin{cases}-x & (0<|x|<1) \\ x & (|x|>1) \\ 0 & (|x|=1) \\ 0 & (x=0)\end{cases}$

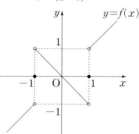

방정식 $f(x)=(x-k)^2$에서 서로 다른 실근의 개수가 3이므로 함수 $y=f(x)$와 함수 $y=(x-k)^2$가 만나는 교점의 개수가 3개라는 의미이다.

$y=(x-k)^2$는 $y=x^2$을 x축으로 k만큼 평행이동한 그래프이므로 나타내보면

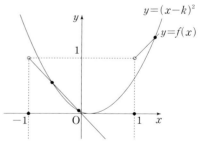

$y=(x-k)^2$ 그래프가 $(-1, 1)$, $(0, 0)$, $(1, 1)$을 지나서 처음으로 교점이 3개가 되고,

$y=-x$와 접하기 바로 전까지 교점이 3개가 된다.

(i) $y=(x-k)^2$ 그래프가 $(-1, 1)$, $(0, 0)$, $(1, 1)$을 지날 때

$(0, 0)$을 기준으로 대칭이므로 $y=x^2$

따라서 $k=0$

(ii) $y=(x-k)^2$ 그래프가 $y=-x$와 접할 때

$x^2-2kx+k^2=-x$

$$x^2 - (2k-1)x + k^2 = 0$$

판별식 $D=0$을 이용하면

$$(2k-1)^2 - 4k^2 = 0, \ k = \frac{1}{4}$$

(i), (ii)을 통해 실수 k의 범위는

$0 < k < \frac{1}{4}$에서 $a=0$, $b=\frac{1}{4}$이므로

$$\therefore a + b = \frac{1}{4}$$

20 집합 $X = \{1, 2, 3, 4, 5\}$에서

$\{(f \circ f)(x) \,|\, x \in X\} \cup \{4, 5\} = X$

즉, $\{1, 2, 3\} \subset f(f(X)) \subset f(X)$

(i) $f(X) = X$인 경우

　$\{1, 2, 3, 4, 5\} \to \{1, 2, 3, 4, 5\}$에서 $5! = 120$가지

(ii) $f(X) = \{1, 2, 3, 4\}$인 경우

　$f(f(X)) = \{1, 2, 3\}$일 때,

　$f(5) = 4$로 1가지

　$\{1, 2, 3, 4\} \to \{1, 2, 3\}$인 경우는 $3 \times \frac{4!}{2!} = 36$가지

　$f(f(X)) = \{1, 2, 3, 4\}$일 때,

　$f(5)$의 값은 $\{1, 2, 3, 4\}$ 모두 가능하므로 4가지

　$\{1, 2, 3, 4\} \to \{1, 2, 3, 4\}$에서 $4! = 24$가지

　경우의 수는 $4 \times 24 = 96$가지

(iii) $f(X) = \{1, 2, 3, 5\}$인 경우는 (ii)의 경우와 마찬가지이다.

(iv) $f(X) = \{1, 2, 3\}$인 경우

　$f(f(X)) = \{1, 2, 3\}$이므로

　$f(4)$, $f(5)$의 값은 $\{1, 2, 3\}$ 모두 가능하므로

　$3 \times 3 = 9$가지

　$\{1, 2, 3\} \to \{1, 2, 3\}$에서 $3! = 6$가지

　경우의 수는 $9 \times 6 = 54$가지

(i)~(iv)을 통해 구하는 함수 f의 개수는

$\therefore 120 + 2(36 + 96) + 54 = 438$

21 $\displaystyle \lim_{n \to \infty} \frac{1}{n^3} \{(n+3)^2 + (n+6)^2 + \cdots + (n+3n)^2\}$

$\displaystyle = \lim_{n \to \infty} \frac{1}{n} \left\{ \left(1 + \frac{3}{n}\right)^2 + \left(1 + \frac{6}{n}\right)^2 + \cdots + \left(1 + \frac{3n}{n}\right)^2 \right\}$

$\displaystyle = \lim_{n \to \infty} \frac{1}{n} \sum_{k=1}^{n} \left(1 + \frac{3k}{n}\right)^2$

이때, $1 + \frac{3k}{n} = x$라 하면 $\frac{3}{n} = dx$이므로

$\displaystyle \frac{1}{3} \int_1^4 x^2 \, dx = \frac{1}{3} \left[\frac{1}{3} x^3 \right]_1^4 = 7$

22 $S_n + S_{n+1} = (a_{n+1})^2$에서

$n=1$일 때, $S_1 + S_2 = a_2^2$

$S_1 = a_1$이므로

$a_1 + (a_1 + a_2) = a_2^2$

$a_2^2 - a_2 - 2a_1 = 0$

$a_2^2 - a_2 - 20 = 0$

$(a_2 - 5)(a_2 + 4) = 0$

따라서 $a_2 = 5$

$(S_{n+1} + S_{n+2}) - (S_n + S_{n+1}) = (a_{n+2})^2 - (a_{n+1})^2$

$(S_{n+2} - S_{n+1}) + (S_{n+1} - S_n) = a_{n+2} + a_{n+1}$

두 식을 빼주면

$a_{n+2} + a_{n+1} = (a_{n+2})^2 - (a_{n+1})^2$

$a_{n+2}^2 - a_{n+2} - a_{n+1}(a_{n+1} + 1) = 0$

$(a_{n+2} + a_{n+1}) \times \{a_{n+2} - (a_{n+1} + 1)\} = 0$

이때, 항상 $a_n > 0$이므로

$a_{n+2} - a_{n+1} = 1$

따라서 $n \geq 2$인 수열 $\{a_n\}$은 공차가 1인 등차수열이다.

$\therefore a_{10} = a_2 + 8 = 5 + 8 = 13$

23 $10^{10} \leq 2^x 5^y$

양변에 상용로그를 취하면

$\log 10^{10} \leq \log 2^x 5^y$

$10 \leq x \log 2 + y \log 5$

$y \geq -\frac{\log 2}{\log 5} x + \frac{10}{\log 5}$

$y = -\frac{\log 2}{\log 5} x + \frac{10}{\log 5}$의 윗부분을 만족하는 (x, y)에

대해서 $x^2 + y^2$의 최솟값이므로

$x^2 + y^2 = r^2(r$은 실수$)$라고 하면

중심이 $(0, 0)$이고 반지름의 길이가 r인 원이므로

원점에서 직선 $y = -\frac{\log 2}{\log 5} x + \frac{10}{\log 5}$까지 거리의 제곱이

m이다.

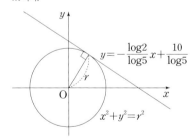

$r = \dfrac{10}{\sqrt{(\log 2)^2 + (\log 5)^2}}$

$m = r^2 = \dfrac{100}{(\log 2)^2 + (\log 5)^2}$

$\quad = \dfrac{100}{(0.3)^2 + (0.7)^2}$

$\quad = \dfrac{100}{0.09 + 0.49}$

$\quad = \dfrac{100}{0.58} \fallingdotseq 172.413$

$\therefore m$의 정수부분$=172$

24 함수 $f(x)$가 연속일 조건을 이용하면

$x=0$에서 $g(0)=1$

$x=2$에서 $g(2)=1$

함수 $f(x)$가 미분가능할 조건을 이용하면

$x=0$에서 $g'(0)=1$

$x=2$에서 $g'(2)=k$

함수 $g(x)$에 대해 $\dfrac{1}{4}<g(1)<\dfrac{3}{4}$이므로

함수 $f(x)$의 그래프를 그려보면

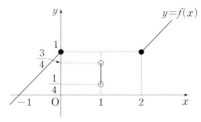

이때 다항함수 $g(x)$는 삼차함수라 하면

$g(x)=ax^3+bx^2+cx+d$ (a, b, c, d는 실수)

$g'(x)=3ax^2+2bx+c$

$g(0)=d=1$

$g'(0)=c=1$

$g(x)=ax^3+bx^2+x+1$

$g'(x)=3ax^2+2bx+1$

또한 $g(2)=8a+4b+3=1$에서 $8a+4b=-2$

$g'(2)=12a+4b+1=k$에서 $4a+(8a+4b)+1=k$

$4a-2+1=k,\ k=4a-1$

$\dfrac{1}{4}<g(1)<\dfrac{3}{4}$에서

$\dfrac{1}{4}<a+b+2<\dfrac{3}{4}$

$1<4a+4b+8<3$

$1<-4a+6<3$

$3<4a<5$

$2<4a-1<4$

$2<k<4$인 자연수 k의 값은

$\therefore 3$

25 가로로 한 칸 가는 것을 a

세로로 한 칸 가는 것을 b라고 하면

A → B로 가는 모든 경우의 수는

a가 5번, b가 3번

a, a, a, a, a, b, b, b

$\dfrac{8!}{5!3!}=56$

가로 또는 세로의 길이가 3이상인 직선 구간은

$a, b, \underline{a, a, a,} b, b, a$

또는 $a, a, a, \underline{b, b, b,} a, a$

a가 3개 인접해있거나 b가 3개 인접해있는 경우를 말한다.

이때 여사건을 이용하면

a가 동시에 3개가 인접하지 않고, b도 동시에 3개가 인접하지

않는 경우를 생각해보자.

(i) $a, a, a, (a, a)$의 경우

(a, a)를 하나로 보고 배열하면 $\dfrac{4!}{3!}=4$가지

그 사이사이가 떨어져 있어야 하므로

$a, \boxed{b}, a, \boxed{b}, a, \boxed{b}, (a, a)$

위의 경우처럼 b의 배열은 1가지만 가능하다.

따라서 경우의 수는 $4\times1=4$가지

(ii) $a, (a, a), (a, a)$의 경우

(a, a)를 하나로 보고 배열하면 $\dfrac{3!}{2!}=3$

그 사이사이가 떨어져야 하고

$\square, a, \blacksquare, (a, a), \blacksquare, (a, a), \square$

특히 색칠된 두 곳은 반드시 b가 있어야 하므로

남은 1개의 b는 네 자리 중 어느 곳에 들어가도 된다.

가능한 b의 배열은 4가지

따라서 경우의 수는 $3\times4=12$

(i), (ii)을 통해 구하는 경우의 수는

$\therefore 56-4-12=40$

2018학년도 기출문제 정답 및 해설

제3교시 **수학영역**

01 ②	02 ①	03 ④	04 ③	05 ②	06 ④
07 ①	08 ①	09 ②	10 ⑤	11 ③	12 ②
13 ⑤	14 ④	15 ⑤	16 ④	17 ①	18 ③
19 ①	20 ⑤	21 9	22 297	23 81	24 20
25 57					

01 일반항을 구하면

$$\frac{1}{(n+1)\sqrt{n}+n\sqrt{n+1}}$$
$$=\frac{(n+1)\sqrt{n}-n\sqrt{n+1}}{(n+1)^2 n-n^2(n+1)}$$
$$=\frac{1}{\sqrt{n}}-\frac{1}{\sqrt{n+1}}$$

따라서 주어진 식의 값은

$$\sum_{n=1}^{120}\left(\frac{1}{\sqrt{n}}-\frac{1}{\sqrt{n+1}}\right)$$
$$=\frac{1}{\sqrt{1}}-\frac{1}{\sqrt{121}}$$
$$=1-\frac{1}{11}=\frac{10}{11}$$

02 $\frac{i}{z-1}$ 이 양의 실수이므로

$z-1=$ (양의 실수)i

$z=1+$ (양의 실수)i

즉 $a=1$ 이고, $a^2+b^2=4$ 에서 b 는 양의 실수이므로 $b=\sqrt{3}$

따라서 $z=1+\sqrt{3}i$ 이므로

$\therefore z^2=(1+\sqrt{3}i)^2=-2+2\sqrt{3}i$

03 A학과에 합격하기 위한 최저점수를 X 라 하면

X 는 정규분포 $N(500, 30^2)$ 을 따르고

A학과에 합격하기 위해서는 상위 $\frac{35}{500}=0.07=7\%$ 안에 들

어야 한다.

따라서 표준정규분포표에서 $P(0 \le Z \le 1.5)=0.43$ 이므로

$Z=\dfrac{X-500}{30}=1.5$

$\therefore X=500+1.5 \times 30=545$

04 점 P를 지나고 직선 $y=\frac{1}{2}(x+1)$ 에 수직인 직선은

$$y=-2(x-t)+\frac{t+1}{2}$$

이때 직선과 y 축과 만나는 점을 Q라 할 때,

$$Q\left(0, \frac{5}{2}t+\frac{1}{2}\right)$$

따라서 $\overline{AQ}=\sqrt{1+\left(\frac{5}{2}t+\frac{1}{2}\right)^2}$

$\overline{AP}=\sqrt{(t+1)^2+\left(\frac{t+1}{2}\right)^2}$ 이므로

$\therefore \displaystyle\lim_{t\to\infty}\frac{\overline{AQ}}{\overline{AP}}=\sqrt{5}$

05 a, b, c 가 자연수이므로 밑수의 크기가 큰 항끼리 비교해보면

 i) $a=b=c$ 일 때, $(a, b, c)=(1, 1, 1)$

 ii) $a^2=c>b^2$ 일 때, $(a, b, c)=(2, 1, 4), (3, 1, 9), (3, 2, 9)$

 iii) $b^2=c>a^2$ 일 때, $(a, b, c)=(1, 2, 4), (1, 3, 9), (2, 3, 9)$

따라서 i)~iii)에서 순서쌍 (a, b, c) 의 개수는 7개이다.

06 $ab+a+2b=7$ 을 정리하면

$a+ab+2+2b=7+2, (a+2)(b+1)=9$

이때, $\alpha=a+2, \beta=b+1$ 이라 하면

$ab=(\alpha-2)(\beta-1)$
$=\alpha\beta+2-\alpha-2\beta$
$=11-(\alpha+2\beta) (\because \alpha\beta=9)$

따라서 ab 의 최댓값은 $\alpha+2\beta$ 의 값이 최소일 때이므로

산술, 기하평균을 이용하면

$\alpha+2\beta \ge 2\sqrt{2\alpha\beta}=6\sqrt{2}$

$\therefore ab$ 의 최댓값은 $11-6\sqrt{2}$

07 다항식 $x^{10}+x^5+3$ 을 주어진 식들로 나눈 몫을 각각

Q_1, Q_2, Q_3 이라 하면

 i) $r_1(x)$ 일 때,

 $x^{10}+x^5+3=(x^2+x+1)Q_1+r_1(x)$

 이때, $x^2+x+1=0$ 인 x 의 값은 $x^3=1, x^2=-x-1$

 양변에 대입하면 $r_1(x)=-1+3=2$

 ii) $r_2(x)$ 일 때,

 $x^{10}+x^5+3=(x^2-x+1)Q_2+r_2(x)$

 이때, $x^2-x+1=0$ 인 x 의 값은 $x^3=-1, x^2=x-1$

 양변에 대입하면 $r_2(x)=-x-(x-1)+3=-2x+4$

iii) $r_3(x)$일 때,

$$x^{10}+x^5+3=(x^2+x+1)(x^2-x+1)Q_3+r_3(x)$$
$$=(x^4+x^2+1)Q_3+r_3(x)$$

이때, $x^4+x^2+1=0$인 x의 값은 $x^6=1$, $x^4=-x^2-1$

양변에 대입하면 $r_3(x)=-x^3-x^2-x+2$

따라서 i)~iii)을 통해 $r_1(x)r_2(x)r_3(x)$를 $x-1$로 나눈 나머지는 $r_1(1)r_2(1)r_3(1)=-4$

08 점 $\mathrm{P}(t,\ 2t^2)$ (t는 실수)

$f(x)=\overline{\mathrm{OP}}^2+\overline{\mathrm{AP}}^2$라 하면

$$f(x)=t^2+(2t^2)^2+(t-3)^2+(2t^2)^2$$
$$=8t^4+2t^2-6t+9 \cdots \text{㉠}$$
$$f'(x)=2(16t^3+2t-3)=2(2t-1)(8t^2+4t+3)$$

따라서 $t=\dfrac{1}{2}$일 때 $f(x)$가 최솟값이므로 ㉠에 대입하면

$$\dfrac{1}{2}+\dfrac{1}{2}+6=7$$

09 함수와 직선이 한 점에서 만나므로

$$\dfrac{1}{x+1}=mx+n$$
$$(x+1)(mx+n)=1$$
$$mx^2+(m+n)x+n-1=0$$
$$D=(m+n)^2-4m(n-1)$$
$$=m^2+n^2-2mn+4m=0 \cdots \text{㉠}$$

또한 $y=mx+n$과 좌표축으로 둘러싸인 삼각형의 넓이가 1이므로

$$-\dfrac{1}{2}n\left(\dfrac{n}{m}\right)=1,\ n^2=-2m \cdots \text{㉡}$$

㉠, ㉡을 연립하면

$$n^4+4n^3-4n^2=0$$

이때, $n>0$이므로 $n^2+4n-4=0$

$$n=-2+2\sqrt{2}$$
$$m=-\dfrac{n^2}{2}=-\dfrac{1}{2}(-2+2\sqrt{2})^2=-6+4\sqrt{2}$$
$$\therefore m+n=-8+6\sqrt{2}=2(3\sqrt{2}-4)$$

10 이차방정식 $x^2-2px+p-1=0$에서

근과 계수와의 관계를 보면

$\alpha+\beta=2p$, $\alpha\beta=p-1$

이차함수 $y=x^2-2px+p-1$의 그래프는

대칭축이 $x=p$이므로

이 이차함수의 그래프와 $y=|x-p|$의 그래프를 그려보면

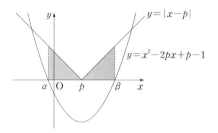

따라서 구하는 정적분의 값은

$$\int_\alpha^\beta |x-p|\,dx=\left(\dfrac{\beta-\alpha}{2}\right)^2$$
$$=\dfrac{1}{4}(\alpha+\beta)^2-\alpha\beta$$
$$=p^2-(p-1)$$
$$=\left(p-\dfrac{1}{2}\right)^2+\dfrac{3}{4}$$

따라서 최솟값은 $p=\dfrac{1}{2}$일 때 $\dfrac{3}{4}$

11 선분 AB의 기울기는 $\dfrac{4}{3}$이고,

기울기가 $\dfrac{4}{3}$인 직선이 각각의 이차함수에 접할 때,

삼각형 ABP의 넓이의 최대와 최소이다.

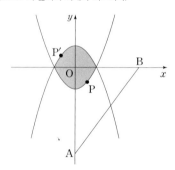

즉 점 P를 지날 때 삼각형 ABP의 넓이가 최소,

점 P′를 지날 때 삼각형 ABP′의 넓이가 최대가 된다.

선분 PP′의 거리를 d라고 하면

$\overline{\mathrm{AB}}=5$에서 구하는 값은 $M-m=\dfrac{5}{2}d$

이제 d의 값을 구해보면

$y=\dfrac{4}{3}x+k$ (k는 실수)와 $y=x^2-1$에서

$$4x+3k=3x^2-3$$
$$3x^2-4x-3k-3=0$$
$$\dfrac{D}{4}=4+3(3k+3)=0$$
$$k=-\dfrac{13}{9}$$이므로 $y=\dfrac{4}{3}x-\dfrac{13}{9}$

따라서 $d=2\times\dfrac{|-13|}{\sqrt{9^2+12^2}}=\dfrac{26}{15}$

$\therefore M-m=\dfrac{13}{3}$

12 주어진 식을 보면

$\displaystyle\sum_{k=1}^{30}\log_a a_k=\log_a a_1+\log_a a_2+\cdots\log_a a_{30}$

$=\log_a a_1 a_2 a_3\cdots a_{30}$

즉 720의 모든 양의 약수의 곱을 구해보면

720의 약수가 30개이므로 약수의 크기 순서대로 재배열한

$a_1 a_2 a_3\cdots a_{30}$에 대하여

$a_1 a_{30}=720$, $a_2 a_{29}=720$, $\cdots$, $a_{15}a_{16}=720$

따라서

$\log_a a_1 a_2 a_3\cdots a_{30}=\log_a 720^{15}$

$=\log_a(2^4\cdot 3^2\cdot 5)^{15}$

$=15(4\log_a 2+2\log_a 3+\log_a 5)$

$=143$

13 5개의 공의 합은 15이므로 한 상자에 넣으면 안 된다.

4개의 공 중 $1+2+3+5=11$, $1+2+3+4=10$이므로 합이 11이하인 경우는 두 가지이고, 상자 A, B, C에 4개, 1개, 0개를 넣는 경우의 수는 $2\times 3!=12$

3개의 공 중 $3+4+5=12$만 아니면 합이 11이하이므로 5개에서 3개를 뽑는 경우의 수는 $_5C_3=10$가지 중 9가지만 가능하고, 상자 A, B, C에 3개, 2개, 0개 또는 3개, 1개, 1개를 넣는 경우의 수는 $9\times(3!+3!)=108$

2개, 2개, 1개씩 넣는 경우의 수는 $3\times\dfrac{5!}{2!2!}=90$

$\therefore 12+108+90=210$

14 n회째 1의 눈이 나와 시행을 멈출 확률을 a_n이라 하면 그전까지 시행을 멈추면 안 되므로 $n-1$번까지의 확률은 각각 $\dfrac{1}{2}$

따라서 $a_n=\left(\dfrac{1}{2}\right)^{n-1}\left(\dfrac{1}{6}\right)$이므로

$\displaystyle\sum_{k=1}^{10}\left(\dfrac{1}{2}\right)^{k-1}\left(\dfrac{1}{6}\right)=\dfrac{1}{6}\times\dfrac{2^{10}-1}{2^9}=\dfrac{341}{1024}$

15 주어진 방정식을 정리하면

$2x^2-x=3[x]$

즉 $y=2x^2-x$와 $y=3[x]$의 그래프가 만나는 점이 실근이다.

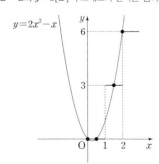

그래프를 살펴보면 실근의 개수 $p=4$

이때 실근의 합을 구하기 위해 각각의 근을 구해보면

i) $2x^2-x=0$인 경우

$x(2x-1)=0$, $x=0$, $\dfrac{1}{2}$

ii) $2x^2-x=3$인 경우

$(2x-3)(x+1)=0$, $x=\dfrac{3}{2}$

iii) $2x^2-x=6$인 경우

$(2x+3)(x-2)=0$, $x=2$

i)~iii)을 통해 $q=\dfrac{1}{2}+\dfrac{3}{2}+2=4$

$\therefore pq=16$

16 도형 R_n에서 검은 부분의 넓이를 S_n, 흰 부분의 넓이를 T_n이라 하면

$S_n+T_n=1$

$S_{n+1}=\dfrac{3}{4}S_n+\dfrac{1}{4}T_n$

$T_{n+1}=\dfrac{1}{4}S_n+\dfrac{3}{4}T_n$

즉 $S_1-T_1=-\dfrac{1}{2}$

$S_{n+1}-T_{n+1}=\dfrac{1}{2}(S_n-T_n)$

따라서 $S_n+T_n=1$, $S_n-T_n=-\left(\dfrac{1}{2}\right)^n$이므로

$2S_n=1-\left(\dfrac{1}{2}\right)^n$

$\therefore S_{10}=\dfrac{1}{2}\left(1-\dfrac{1}{2^{10}}\right)=\dfrac{1023}{2048}$

17 $P_n(x)$에서 홀수차수 항을 제거한 우함수를 $h_n(x)$ 짝수차수 항을 제거한 기함수를 $g_n(x)$라 하면

이때, (나)에서 $m=0$이라 하면

$\displaystyle\int_{-1}^{1}P_n(x)dx=0$에서

$\displaystyle\int_{0}^{1}h_n(x)dx=0\cdots\bigcirc$

또한 (나)에서 $m=1$이라 하면

$\displaystyle\int_{-1}^{1}xP_n(x)dx=0$에서

$\displaystyle\int_{0}^{1}xg_n(x)dx=0\cdots\bigcirc$

$P_3(x)=x^3+ax^2+bx+c$ (a, b, c는 실수)라 하면

$h_3(x)=ax^2+c$, $g_3(x)=x^3+bx$

이때 ㉠, ㉡을 이용하면

$\displaystyle\int_{0}^{1}h_3(x)dx=0$

$\displaystyle\int_{0}^{1}xg_3(x)dx=\int_{0}^{1}(x^4+bx^2)dx=\dfrac{1}{5}+\dfrac{b}{3}=0$

이므로 $b=-\dfrac{3}{5}$

$\therefore \displaystyle\int_0^1 P_3(x)dx$

$\qquad =\displaystyle\int_0^1\left(x^3-\dfrac{3}{5}x\right)dx+\int_0^1 h_3(x)dx$

$\qquad =\left(\dfrac{1}{4}-\dfrac{3}{10}\right)+0=-\dfrac{1}{20}$

18 ㄱ. (참)

$\dfrac{4}{3}=1.333\cdots$이고,

$0\le k\le66$일 때, $\left[x+\dfrac{k}{100}\right]=1$

$67\le k\le99$일 때, $\left[x+\dfrac{k}{100}\right]=2$

따라서 $f\left(\dfrac{4}{3}\right)=67\times1+33\times2=133$

ㄴ. (참)

i) $n=2m$ (짝수, m은 실수)라면

$\left[x+\dfrac{n}{2}\right]=\left[x+m+\dfrac{k}{100}\right]=m+\left[x+\dfrac{k}{100}\right]$이므로

$f\left(x+\dfrac{n}{2}\right)=100m+f(x)=50n+f(x)$

ii) $n=2m-1$ (홀수, m은 실수)라면

$\left[x+\dfrac{n}{2}\right]=\left[x+m-\dfrac{1}{2}+\dfrac{k}{100}\right]$의 값은

$0\le k\le49$일 때, $m-1+\left[x+\dfrac{k+50}{100}\right]$

$50\le k\le99$일 때, $m+\left[x+\dfrac{k-50}{100}\right]$이므로

$f\left(x+\dfrac{n}{2}\right)=50(m-1)+50m+f(x)$

$\qquad\qquad\quad =50n+f(x)$

ㄷ. (참)

$f(x)$는 정수이므로

$f(f(x)-1)=100(f(x)-1)=nf(x)-1$,

$f(x)=\dfrac{99}{100-n}$

$100-n$이 99의 약수이면 $\dfrac{99}{100-n}$는 정수

$n=1$일 때, $\dfrac{1}{100}\le x<\dfrac{2}{100}$이므로 $f(x)=1$로 성립

$n=99$일 때, $\dfrac{99}{100}\le x<1$이므로 $f(x)=99$이므로 성립

즉 주어진 식을 만족하는 자연수 n은 적어도 2개 존재한다.

따라서 옳은 것은 ㄱ, ㄴ이다.

19 $f(x)=\displaystyle\sum_{n=1}^{17}|x-a_n|$은 중앙값인 $a_9=r^8$에서 최소이므로

$r^8=16$, $r=\sqrt{2}$

따라서

$f(16)=\displaystyle\sum_{n=1}^{17}|x-a_n|$

$\quad =(16-1)+(16-\sqrt{2})+\cdots+(16-8\sqrt{2})+0$

$\qquad +(16\sqrt{2}-16)+(32-16)+\cdots+(256-16)$

$\quad =\dfrac{16\sqrt{2}(\sqrt{2^8}-1)}{\sqrt{2}-1}-\dfrac{\sqrt{2^8}-1}{\sqrt{2}-1}$

$\quad =15(31+15\sqrt{2})$

$\therefore rm=15(30+31\sqrt{2})$

20 $\displaystyle\lim_{x\to0}\dfrac{g(x)-1}{x}=0$에서 $g(0)=1$, $g'(0)=0$

$f(1+0)=f(1)g(0)+f(0)g(1)$에서 $f(0)g(1)=0$

$g(1+0)=g(1)g(0)+f(1)f(0)$에서 $f(1)f(0)=0$

$f(1)=1$이므로 $f(0)=0$

ㄱ. (참)

$f'(x)=\displaystyle\lim_{y\to0}\dfrac{f(x+y)-f(x)}{y}=f'(0)g(x)$

ㄷ. (참)

$\dfrac{g(x+y)-g(x)}{y}$

$=\dfrac{g(x)g(y)+f(x)f(y)-g(x)}{y}$

$=g(x)\dfrac{g(y)-1}{y}+\dfrac{f(y)}{y}f(x)$이므로

$g'(x)=\displaystyle\lim_{y\to0}\dfrac{g(x+y)-g(x)}{y}=f'(0)f(x)$

$h(x)=\{g(x)\}^2-\{f(x)\}^2$이라 하면

$h'(x)=2g(x)g'(x)-2f(x)f'(x)$

$\qquad =2g(x)f'(0)f(x)-2f(x)f'(0)g(x)=0$

따라서 $h(x)$는 상수함수이고, $h(x)=h(0)=1-0=1$

이므로 $\{g(x)\}^2-\{f(x)\}^2=1$

ㄴ. (참)

ㄷ에서 $\{g(x)\}^2=1+\{f(x)\}^2\ge1$이므로 $x=0$을 포함

하는 열린구간에서 $0<g(x)\le1$인 점이 없다.

따라서 이 열린구간에서 $g(x)\ge1=g(0)$이므로

$x=0$에서 극솟값 1을 갖는다.

따라서 옳은 것은 ㄱ, ㄴ, ㄷ이다.

21 $\log_m2=\dfrac{n}{100}$에서 $2=m^{\frac{n}{100}}$이므로 $2^{100}=m^n$

따라서 n은 100의 양의 약수이므로

이를 만족하는 (m, n)의 순서쌍은 9개이다.

22 $\dfrac{1}{a_1}=1$, $\dfrac{1}{a_{n+1}}=1+\dfrac{1}{a_n}$이므로 $\dfrac{1}{a_n}=n$

$A=\displaystyle\sum_{k=1}^{9}a_ka_{k+1}=\sum_{k=1}^{9}\dfrac{1}{k(k+1)}=\sum_{k=1}^{9}\left(\dfrac{1}{k}-\dfrac{1}{k+1}\right)$

$\quad =1-\dfrac{1}{10}=\dfrac{9}{10}$

$$B=\sum_{k=1}^{9}\frac{1}{a_k a_{k+1}}=\sum_{k=1}^{9}k(k+1)=\frac{9\times10\times11}{3}=330$$

$$\therefore AB=\frac{9}{10}\times330=297$$

23 $(f\circ f\circ f)(x)=x$를 만족하는 경우는

 i) $f(a)=a$

 ii) $f(a)=b, f(b)=c, f(c)=a$ (a, b, c는 실수)

이때 6개 모두 i)의 경우일 때, 1가지

3개가 i)이고 3개가 ii)인 경우일 때, 우선 3개를 뽑고 대응순
서가 abc, acb인 두 가지 경우가 있으므로

$_6C_3\times2=40$

3개씩 두쌍인 ii)인 경우일 때, 3개씩 분할하고 대응순서가 각
각 두 가지씩 있으므로

$_6C_3\times{}_3C_3\times\frac{1}{2!}\times2\times2=40$

따라서 함수 f의 개수는 $1+40+40=81$

24 $f(x)$가 0에서 극댓값을 갖기 위한 $y=f'(x)$의 그래프를 그
려보면

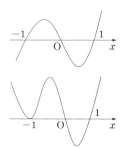

즉 k는 자연수, l, m은 홀수임을 알 수 있다.

이때, $1\le k<l<m\le10$이므로 l은 3이상의 홀수이므로
가능한 순서쌍은

$(k, 3, m)$일 때 $2\times3=6$가지

$(k, 5, m)$일 때 $4\times2=8$가지

$(k, 7, m)$일 때 $6\times1=6$가지

따라서 순서쌍의 개수는 총 20가지

25 주어진 식에 $x=0$을 대입하면 $g(0)=1$

$$f(x)=g(x)+\int_0^x(x-t)^2h(t)dt$$

$$=g(x)+x^2\int_0^x h(t)dt-2x\int_0^x th(t)dt+\int_0^x t^2 h(t)dt$$

양변을 x에 대해 미분하면

$$f'(x)=g'(x)+2x\int_0^x h(t)dt-2\int_0^x th(t)dt$$

이때 $x=0$을 대입하면, $g'(0)=-3$

식을 다시 한 번 x에 대해 미분하면,

$$f''(x)=g''(x)+2\int_0^x h(t)dt$$

다시 $x=0$을 대입하면, $g''(0)=4$

따라서 $g(x)=2x^2-3x+1, g(2)=3$

$f''(x)$의 식을 다시 한 번 x에 대해 미분하면

$f'''(x)=2h(x)$이므로 $h(2)=54$

$\therefore g(2)+h(2)=57$

2017학년도 기출문제 정답 및 해설

제3교시 **수학영역**

01 ④	02 ③	03 ②	04 ③	05 ②	06 ①
07 ④	08 ②	09 ④	10 ③	11 ③	12 ⑤
13 ③	14 ⑤	15 ②	16 ③	17 ①	18 ④
19 ⑤	20 ①	21 150	22 325	23 510	24 15
25 120					

01 $\log a = 3 - \log(a+b)$에서 $\log a = \log 10^3 - \log(a+b)$,

$\log a = \log \dfrac{1000}{a+b}$이므로

$a = \dfrac{1000}{a+b}$, $a(a+b) = 1000 = 2^3 \times 5^3$ (단, a, b는 정수)

a, $a+b$는 진수로써 $a > 0$, $a+b > 0$이므로 a와 $a+b$는 1000의 양의 약수이다.

따라서 순서쌍 (a, b)는 1000의 양의 약수의 개수만큼 존재하므로 $(3+1) \times (3+1) = 4 \times 4 = 16$

02 $\triangle OAG = \dfrac{1}{4} \triangle OAB$에서 $\triangle OAB = \dfrac{1}{2}$이므로

$\triangle OAG = \dfrac{1}{4} \times \dfrac{1}{2} = \dfrac{1}{8}$이다.

직선 AB의 방정식은 $y = -x + 1$이므로 점 P의 좌표는 $(a, -a+1)$라 하면 구하고자 하는 값이 a이다.

이때, 삼각형 OAP의 무게중심 G의 좌표는

$\left(\dfrac{a+1}{3}, \dfrac{-a+1}{3} \right)$

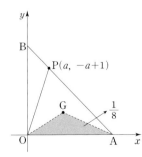

따라서 △OAG의 넓이는

$\dfrac{1}{2} \times 1 \times \left(\dfrac{-a+1}{3} \right) = \dfrac{-a+1}{6}$

$\therefore \dfrac{-a+1}{6} = \dfrac{1}{8}$이므로 $a = \dfrac{1}{4}$

03 한 개의 주사위를 72번 던질 때, 3의 배수의 눈이 나오는 횟수를 확률변수 X라고 하자.

이때, 주사위를 한 번 던져서 3의 배수가 나올 확률은 $\dfrac{2}{6} = \dfrac{1}{3}$

이고, 확률변수 X는 이항분포 $B\left(72, \dfrac{1}{3}\right)$를 따른다.

이때, 시행횟수 72는 충분히 크므로 X는 근사적으로 정규분포 $N\left(72 \times \dfrac{1}{3}, 72 \times \dfrac{1}{3} \times \dfrac{2}{3}\right) = N(24, 4^2)$을 따른다.

$Z = \dfrac{X-24}{4}$임을 이용하면

$P(30 \leq X \leq 36) = P\left(\dfrac{30-24}{4} \leq Z \leq \dfrac{36-24}{4} \right)$

$\qquad = P(1.5 \leq Z \leq 3)$

$\qquad = P(0 \leq Z \leq 3) - P(0 \leq Z \leq 1.5)$

$\qquad = 0.4987 - 0.4332 = 0.0655$

04 한 개의 주사위를 두 번 던져 나온 눈이 a, b이므로 전체 경우의 수는 $6 \times 6 = 36$가지이다.

$z = a + 2bi$를 $z + \dfrac{z}{i} = z + \dfrac{zi}{i^2} = z - zi$에 대입하면

$(a + 2bi) - (ai + 2bi^2) = a + 2bi - ai + 2b$

$\qquad\qquad\qquad\qquad = (a + 2b) + (2b - a)i$

즉, $(a + 2b) + (2b - a)i$가 실수가 되려면 허수부분 $= 0$이어야 한다.

따라서 $2b - a = 0$, $a = 2b$이므로

이를 만족하는 순서쌍 $(a, b) = (2, 1)$, $(4, 2)$, $(6, 3)$으로 3가지이다.

따라서 구하고자 하는 확률은 $\dfrac{3}{36} = \dfrac{1}{12}$

05 $A \cup B = B$이므로 $A \subset B$이고,

이를 만족하려면 직선 $y = kx$와 $x + y = k$의 교점이 원 $x^2 + (y-k)^2 = k^2$ 내부의 점(경계선 포함)이면 된다.

먼저 두 직선의 교점을 구해보면

$kx = -x + k$, $kx + x = k$, $(k+1)x = k$,

$x = \dfrac{k}{k+1}$이므로 $y = \dfrac{k^2}{k+1}$

따라서 교점 $\left(\dfrac{k}{k+1}, \dfrac{k^2}{k+1}\right)$을 원의 방정식에 대입해보자.

$$\left(\dfrac{k}{k+1}\right)^2 + \left(\dfrac{k^2}{k+1} - k\right)^2 \le k^2$$

$$\dfrac{k^2}{(k+1)^2} + \left(\dfrac{-k}{k+1}\right)^2 \le k^2$$

$$2\dfrac{k^2}{(k+1)^2} \le k^2$$

$$2 \le (k+1)^2$$

$$k+1 \le -\sqrt{2} \ \text{또는} \ k+1 \ge \sqrt{2}$$

양수 k이므로 $k \ge \sqrt{2}-1$만 성립한다.

$\therefore$ k의 최솟값은 $\sqrt{2}-1$

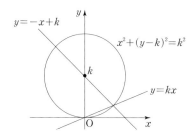

06 함수 $f(x)$가 $x=c$에서 연속이려면
$\lim\limits_{x \to c} f(x) = f(c)$이 성립해야 한다.

$\lim\limits_{x \to c} f(x) = \lim\limits_{x \to c} \dfrac{x^2 - a}{\sqrt{x^2+b} - \sqrt{c^2+b}}$에서

$\lim\limits_{x \to c} \sqrt{x^2+b} - \sqrt{c^2+b} = 0$이므로

$\lim\limits_{x \to c} (x^2 - a) = 0$이다. 즉, $c^2 - a = 0$, $a = c^2$

$\lim\limits_{x \to c} \dfrac{x^2 - a}{\sqrt{x^2+b} - \sqrt{c^2+b}}$를 분모의 유리화하면

$\lim\limits_{x \to c} \dfrac{(x^2-a)(\sqrt{x^2+b}+\sqrt{c^2+b})}{(\sqrt{x^2+b}-\sqrt{c^2+b})(\sqrt{x^2+b}+\sqrt{c^2+b})}$

$= \lim\limits_{x \to c} \dfrac{(x^2-a)(\sqrt{x^2+b}+\sqrt{c^2+b})}{(x^2+b)-(c^2+b)}$

$= \lim\limits_{x \to c} \dfrac{(x^2-a)(\sqrt{x^2+b}+\sqrt{c^2+b})}{x^2-c^2}$

이때, $a=c^2$을 분자에 대입하면

$\lim\limits_{x \to c} \dfrac{(x^2-c^2)(\sqrt{x^2+b}+\sqrt{c^2+b})}{x^2-c^2}$

$= \lim\limits_{x \to c} (\sqrt{x^2+b}+\sqrt{c^2+b})$

$= \sqrt{c^2+b}+\sqrt{c^2+b}$

$= 2\sqrt{c^2+b}$

따라서 $2\sqrt{c^2+b} = f(c) = 4c$이므로

$c = \dfrac{1}{2}\sqrt{c^2+b} \ge 0$, $c \ge 0$

양변을 제곱하면 $c^2 = \dfrac{1}{4}(c^2+b)$, $b = 3c^2$

따라서 $a+b+c = c^2 + 3c^2 + c = 4c^2 + c$

$c \ge 0$일 때, $4c^2 + c \ge 0$이므로 $a+b+c \ge 0$

$\therefore$ $a+b+c$의 최솟값은 0

07 $g \circ f : A \to C$가 역함수를 갖기 위해서는 $g \circ f : A \to C$가 일대일 대응이어야 한다.

즉, 집합 A의 원소가 집합 B에 일대일로 대응될 때, 집합 B에서 대응된 원소 역시 집합 C의 원소와 일대일로 대응되어야 하므로 $_4\mathrm{P}_3$

이때, 집합 B에서 집합 A의 원소와 대응되지 않은 원소가 반드시 하나 생기는데, 이 원소는 집합 C의 원소 중 어느 것과 대응되어도 함수 $g \circ f$의 역함수는 존재하므로 $_3\mathrm{P}_3 \times 3$

따라서 구하고자 하는 순서쌍 (f, g)의 개수는

$_4\mathrm{P}_3 \times {}_3\mathrm{P}_3 \times 3 = 24 \times 18 = 432$

08 구하고자 하는 수의 개수는

$n(홀수) - n(홀수인 \ 3의 \ 배수) - n(홀수인 \ 5의 \ 배수) + n(홀수인 \ 15의 \ 배수)$

1부터 1000까지 홀수의 개수는 $\dfrac{1000}{2} = 500$

1부터 1000까지 3의 배수의 개수는 333개이고, 이때 3의 배수는 홀수와 짝수가 반복되므로, 홀수인 3의 배수는 짝수인 3의 배수보다 1개 더 많다.

즉, $\dfrac{333}{2} = 166.5$이므로 $166 + 1 = 167$

1부터 1000까지 5의 배수의 개수는 200개이고, 이때 5의 배수는 홀수와 짝수가 반복되므로 홀수인 5의 배수와 짝수인 5의 배수의 수가 같으므로, 홀수인 5의 배수의 개수는

$\dfrac{200}{2} = 100$

1부터 1000까지 15의 배수는 66개 있고, 이때 15의 배수는 홀수와 짝수가 반복되므로 홀수인 15의 배수와 짝수인 15의 배수의 수가 같으므로, 홀수인 15의 배수의 개수는

$\dfrac{66}{2} = 33$

$\therefore 500 - 167 - 100 + 33 = 266$

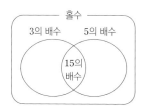

09 구하려는 최단경로의 개수는

$n(A부터 \ B까지 \ 최단경로) - n(A에서 \ B까지 \ 최단경로 \ 중 \ P에서 \ 좌회전하는 \ 경로) - n(A에서 \ B까지 \ 최단경로 \ 중 \ Q를 \ 지나는 \ 경로) + n(A에서 \ B까지 \ 최단경로 \ 중 \ P에서 \ 좌회전하$

고 Q를 지나는 경로)

A부터 B까지 최단경로는 $\dfrac{13!}{5!8!}=1287$

A에서 B까지 최단경로 중 P에서 좌회전하는 경로는

$\dfrac{4!}{3!1!}\times\dfrac{7!}{1!6!}=4\times7=28$

A에서 B까지 최단경로 중 Q를 지나는 경로는

$\dfrac{7!}{2!5!}\times\dfrac{6!}{3!3!}=21\times20=420$

A에서 B까지 최단경로 중 P에서 좌회전하고 Q를 지나는 경로는 없다.

$\therefore 1287-28-420=839$

10 좌표평면에 문제에 주어진 조건들을 그려보면

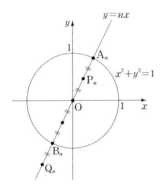

이제 점 B_n의 좌표를 구해보자.

원 $x^2+y^2=1$와 직선 $y=nx$의 교점 중 하나이므로

$x^2+(nx)^2=1,\ (1+n^2)x^2=1,$

$x^2=\dfrac{1}{1+n^2}$에서 $x=\pm\dfrac{1}{\sqrt{1+n^2}}$

점 B_n의 x좌표는 음수이므로

$x=-\dfrac{1}{\sqrt{1+n^2}},\ y=-\dfrac{n}{\sqrt{1+n^2}}$

따라서 점 $B_n\left(-\dfrac{1}{\sqrt{1+n^2}},\ -\dfrac{n}{\sqrt{1+n^2}}\right)$

$\overline{A_nP_n}=\overline{B_nQ_n}$이므로 점 Q_n은 선분 OB_n을 $3:1$로 외분한 점이다.

$Q_n\left(\dfrac{3\left(-\dfrac{1}{\sqrt{1+n^2}}\right)}{3-1},\ \dfrac{3\left(-\dfrac{n}{\sqrt{1+n^2}}\right)}{3-1}\right)$

따라서 $a_n=\dfrac{3}{2}\left(-\dfrac{1}{\sqrt{1+n^2}}\right),\ b_n=\dfrac{3}{2}\left(-\dfrac{n}{\sqrt{1+n^2}}\right)$

$\displaystyle\lim_{n\to\infty}|na_n+b_n|=\lim_{n\to\infty}\left|\dfrac{-3n}{2\sqrt{1+n^2}}+\dfrac{-3n}{2\sqrt{1+n^2}}\right|$

$\qquad\qquad\qquad=\displaystyle\lim_{n\to\infty}\dfrac{3n}{\sqrt{1+n^2}}$

$\dfrac{\infty}{\infty}$꼴이므로 분모의 최고차항으로 나눈다.

$\therefore 3$

11 $g(x)=\displaystyle\int_0^x|f(t)-2t|\,dt$

$g'(x)=|f(x)-2x|$

실수 전체 집합에서 미분가능하려면,

모든 실수 x에 대해 $f(x)-2x\geq0$이어야 한다.

따라서 $f(1)-2\geq0,\ f(1)\geq2$

$\therefore f(1)$의 최솟값은 2

12 $f(x)=x+(x-1)(x-2)(x-3)(x-4)$에서

$p(x)=(x-1)(x-2)(x-3)(x-4)$로 치환하면

$f(x)=x+p(x),\ p(x)=f(x)-x$

$\{f(x)\}^2-x^2f(x)$

$=\{x+p(x)\}^2-x^2\{x+p(x)\}$

$=x^2+2p(x)x+\{p(x)\}^2-x^3-x^2p(x)$

$=p(x)\{2x-x^2+p(x)\}-x^3+x^2$

이때, $p(x)=f(x)-x$을 이용하면

$\{f(x)-x\}\{2x-x^2+p(x)\}-x^3+x^2$이므로

$\{f(x)\}^2-x^2f(x)$를 $f(x)-x$로 나눈 나머지는

$-x^3+x^2$이다.

$r(x)=-x^3+x^2,\ r'(x)=-3x^2+2x$

$r'(x)=0$을 만족하는 값을 구하면

$-3x^2+2x=0,\ x(-3x+2)=0,\ x=0,\ \dfrac{2}{3}$

따라서 $x=0,\ \dfrac{2}{3}$에서 극값을 가지므로

극댓값과 극솟값의 합은

$r(0)+r\left(\dfrac{2}{3}\right)=0+\left\{-\left(\dfrac{2}{3}\right)^3+\left(\dfrac{2}{3}\right)^2\right\}=\dfrac{4}{27}$

13 서로 다른 6개의 물건을 서로 다른 3개의 상자에 임의로 분배하는 경우의 수는 3^6

이때, 빈 상자가 없도록 분배하는 경우는

$(1,\ 1,\ 4),\ (1,\ 2,\ 3),\ (2,\ 2,\ 2)$로 3가지가 있다.

ⅰ) $(1,\ 1,\ 4)$인 경우

$\quad {}_6C_1\times{}_5C_1\times{}_4C_4\times\dfrac{3!}{2!}=30\times3=90$

ⅱ) $(1,\ 2,\ 3)$인 경우

$\quad {}_6C_1\times{}_5C_2\times{}_3C_3\times3!=60\times6=360$

ⅲ) $(2,\ 2,\ 2)$인 경우

$\quad {}_6C_2\times{}_4C_2\times{}_2C_2=90$

따라서 $90+360+90=540$

$\therefore \dfrac{540}{3^6}=\dfrac{20}{27}$

14 두 곡선과 기울기가 양수인 직선 l을 그려보면

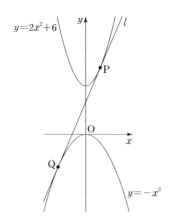

직선 l의 식을 구해보면

i) 점 P에서의 접선의 방정식

$y=2x^2+6$의 도함수 $y'=4x$이므로

점 $P(p, 2p^2+6)$에서의 접선의 기울기는 $4p$

접선의 방정식은 $y=4p(x-p)+2p^2+6$,

$y=4px-2p^2+6$

ii) 점 Q에서의 접선의 방정식

$y=-x^2$의 도함수 $y'=-2x$이므로

점 $Q(q, -q^2)$에서의 접선의 기울기는 $-2q$

접선의 방정식은 $y=-2q(x-q)-q^2$, $y=-2qx+q^2$

i), ii) 모두 직선 l의 식이므로

$4px-2p^2+6=-2qx+q^2$은 x에 대한 항등식이다.

$4p=-2q$, $-2p^2+6=q^2$을 연립하면

$-2p^2+6=(-2p)^2$, $6p^2=6$, $p=\pm1$

점 P는 제1사분면에 위치하므로 $p=1$, $q=-2$

따라서 점 P의 좌표는 $(1, 8)$, 점 Q의 좌표는 $(-2, -4)$

$\therefore \overline{PQ}=\sqrt{3^2+12^2}=3\sqrt{17}$

15 주어진 방정식 $|x^2-2x-6|=|x-k|+2$가 서로 다른 세 실근을 갖는다는 것은 함수 $y=|x^2-2x-6|$,

$y=|x-k|+2$의 교점이 3개라는 의미이다.

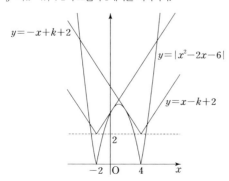

교점이 3개라면 두 함수가 한 곳에서는 접해야 한다.

따라서 $-x^2+2x+6=-x+k+2$와

$-x^2+2x+6=x-k+2$의 두 방정식은 중근을 가져야 한다.

i) $-x^2+2x+6=-x+k+2$일 때,

$x^2-3x+k-4=0$

$D=9-4(k-4)=0$, $k=4+\dfrac{9}{4}=\dfrac{25}{4}$

ii) $-x^2+2x+6=x-k+2$일 때,

$x^2-x-k-4=0$

$D=1-4(-k-4)=0$, $k=-4-\dfrac{1}{4}=-\dfrac{17}{4}$

i), ii)에 의해 모든 실수 k의 합은 2이다.

16 조건 (가), (나)를 통해 △ABC, △ABP의 넓이가 같으므로 밑변을 $\overline{AB}$로 생각하면 높이 즉, 점 C, P의 y좌표가 같아야 한다.

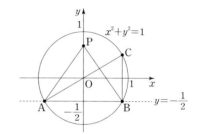

따라서 $f(t)$는 $y=t$와 $y=t$를 $y=-\dfrac{1}{2}$에 대칭시킨 직선이 원 $x^2+y^2=1$과 만나는 교점의 개수와 같다.

$$f(t)=\begin{cases} 0 \ (t>1) \\ 1 \ (t=1) \\ 2 \ (0<t<1) \\ 3 \ (t=0) \\ 4 \ \left(-\dfrac{1}{2}<t<0, \ -1<t<-\dfrac{1}{2}\right) \\ 3 \ (t=-1) \\ 2 \ (-2<t<-1) \\ 1 \ (t=-2) \\ 0 \ (t<-2) \end{cases}$$

$f(-1)+\displaystyle\lim_{t \to -1-}f(t)=3+2=5$이므로 $a=-1$

$\displaystyle\lim_{t \to 0-}f(t)=4$이므로 $b=4$

$\therefore a+b=-1+4=3$

17 a_{n+1}의 식을 정리해보면

$\dfrac{9}{8}\left(\dfrac{9}{8}+9\right)\left(\dfrac{9}{8}+9+9^2\right)\cdots\left(\dfrac{9}{8}+9+9^2+\cdots+9^n\right)$

$=\left(1+\dfrac{1}{8}\right)\left(\dfrac{9^2-1}{9-1}+\dfrac{1}{8}\right)\left(\dfrac{9^3-1}{9-1}+\dfrac{1}{8}\right)\cdots\left(\dfrac{9^{n+1}-1}{9-1}+\dfrac{1}{8}\right)$

$=\dfrac{9}{8}\times\dfrac{9^2}{8}\times\dfrac{9^3}{8}\times\cdots\times\dfrac{9^{n+1}}{8}$

$$= \frac{9^{\frac{(n+1)(n+2)}{2}}}{8^{n+1}}$$

즉, $a_{n+1} = \frac{9^{\frac{(n+1)(n+2)}{2}}}{8^{n+1}}$ 이므로 $a_n = \frac{9^{\frac{n(n+1)}{2}}}{8^n}$

$$\log a_k = \log \frac{9^{\frac{k(k+1)}{2}}}{8^k} = \log 9^{\frac{k(k+1)}{2}} - \log 8^k$$

$$= \log(3^2)^{\frac{k(k+1)}{2}} - \log 2^{3k}$$

$$= k(k+1)\log 3 - 3k\log 2$$

따라서 $\sum_{k=1}^{10} \frac{\log a_k}{k}$ 의 값에 대입하면

$$\sum_{k=1}^{10} \left\{ \frac{k(k+1)\log 3 - 3k\log 2}{k} \right\}$$

$$= \sum_{k=1}^{10} \{(k+1)\log 3 - 3\log 2\}$$

$$= \sum_{k=1}^{10} \{k\log 3 + (\log 3 - 3\log 2)\}$$

$$= \frac{10 \times 11}{2}\log 3 + 10(\log 3 - 3\log 2)$$

$$= \log 3^{55} + \log 3^{10} - \log 2^{30} = \log \frac{3^{65}}{2^{30}}$$

$$\therefore A = \frac{3^{65}}{2^{30}}$$

18 $\sqrt{4+y^2} = \sqrt{(0-2)^2 + \{(y+2)-2\}^2}$ 이므로
점 $(0, y+2)$와 점 $(2, 2)$ 사이의 거리이다.
$\sqrt{x^2+y^2-4x-4y+8} = \sqrt{(x-2)^2 + (y-2)^2}$ 이므로
점 (x, y)와 점 $(2, 2)$ 사이의 거리이다.
$\sqrt{x^2-10x+29} = \sqrt{(x-5)^2 + 4}$
$$= \sqrt{(x-5)^2 + \{y-(y-2)\}^2}$$
이므로 점 (x, y)와 점 $(5, y-2)$ 사이의 거리이다.
따라서 세 식의 합은 네 점 $(0, y+2)$, $(2, 2)$, (x, y),
$(5, y-2)$이 일직선상에 있을 때 최솟값이 된다.
즉, 최솟값은 점 $(0, y+2)$와 점 $(5, y-2)$ 사이의 거리와
같으므로
$$\sqrt{(0-5)^2 + \{(y+2)-(y-2)\}^2}$$
$$= \sqrt{25+16} = \sqrt{41}$$

19 $h(x) = f(x) - g(x)$라 하면
$f(x)$는 사차함수이고, $g(x)$는 이차함수이므로 $h(x)$는 사차
함수이고, $f(x)$의 사차, 삼차의 계수를 따라간다.
즉, $h(x) = x^4 - 6x^3 + \cdots$
$h(\alpha) = f(\alpha) - g(\alpha)$이므로 $h(\alpha) = 0$
$h(\alpha+1) = f(\alpha+1) - g(\alpha+1)$이므로 $h(\alpha+1) = 0$
$h'(\alpha) = f'(\alpha) - g'(\alpha)$이므로 $h'(\alpha) = 0$
$h'(\alpha+1) = f'(\alpha+1) - g'(\alpha+1)$이므로 $h'(\alpha+1) = 0$
따라서 $h(x) = (x-\alpha)^2\{x-(\alpha+1)\}^2$
이때, $h(x)$는 $f(x)$의 사차, 삼차의 계수를 따라가므로 근과
계수와의 관계를 이용해 $h(x)$의 삼차항의 계수를 구해보자.

사차함수 $h(x)$의 네 근은 α가 중근, $\alpha+1$이 중근이므로
$-\{\alpha+\alpha+(\alpha+1)+(\alpha+1)\} = -4\alpha-2$,
$-4\alpha+2 = -6$, $\alpha = 1$
따라서 $h(x) = (x-1)^2(x-2)^2$
주어진 함수 $f(x)$를 이용해
$f(1) = 0$이므로 $g(1) = 0$,
$f(2) = 1$이므로 $g(2) = 1$,
$f'(2) = 0$이므로 $g'(2) = 0$
이때, $g(x)$는 $(2, 1)$을 꼭짓점으로 하는 위로 볼록인 이차함
수임을 알 수 있다.
또한 모든 실수 x에 대해서 $h(x) \geq 0$이므로
$f(x) - g(x) \geq 0$, $f(x) \geq g(x)$이다.

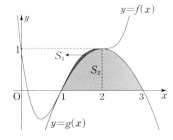

구하고자 하는 $\frac{S_2}{S_1}$을 구해보면

$$S_1 = \int_1^2 \{f(x) - g(x)\}dx = \int_1^2 h(x)dx$$

$$= \int_1^2 (x-1)^2(x-2)^2 dx$$

이때, $x-1 = t$로 치환하면

$$\int_0^1 t^2(t-1)^2 dt = \int_0^1 (t^4 - 2t^3 + t^2)dt$$

$$= \left[\frac{1}{5}t^5 - \frac{1}{2}t^4 + \frac{1}{3}t^3 \right]_0^1$$

$$= \frac{1}{5} - \frac{1}{2} + \frac{1}{3} = \frac{1}{30}$$

$$S_2 = \int_1^3 g(x)dx = 2\int_1^2 g(x)dx$$

$$= 2\int_1^2 \{f(x) - h(x)\}dx$$

$$= 2\left\{ \int_1^2 f(x)dx - \int_1^2 h(x)dx \right\}$$

$$= 2\left\{ \int_1^2 (x^4 - 6x^3 + 12x^2 - 8x + 1)dx - \frac{1}{30} \right\}$$

$$= 2\left(\frac{7}{10} - \frac{1}{30} \right) = 2 \times \frac{2}{3} = \frac{4}{3}$$

$$\therefore \frac{S_2}{S_1} = \frac{\frac{4}{3}}{\frac{1}{30}} = 40$$

다른풀이

사차함수 $h(x) = (x-1)^2(x-2)^2$에서
$h(x) = (x^2 - 2x + 1)(x^2 - 4x + 4)$

$$=(x^4-4x^3+4x^2-2x^3+8x^2-8x+x^2-4x+4)$$
$$=x^4-6x^3+13x^2-12x+4$$

이때, $h(x)=f(x)-g(x)$이므로 $g(x)=-x^2+4x-3$

구하고자 하는 $\dfrac{S_2}{S_1}$을 구해보면

$$S_1=\int_1^2\{f(x)-g(x)\}dx=\int_1^2 h(x)dx$$
$$=\int_1^2(x-1)^2(x-2)^2 dx$$

이때, $x-1=t$로 치환하면

$$\int_0^1 t^2(t-1)^2 dt=\int_0^1(t^4-2t^3+t^2)dt$$
$$=\left[\frac{1}{5}t^5-\frac{1}{2}t^4+\frac{1}{3}t^3\right]_0^1$$
$$=\frac{1}{5}-\frac{1}{2}+\frac{1}{3}=\frac{1}{30}$$

$$S_2=\int_1^3(-x^2+4x-3)dx$$
$$=\left[-\frac{1}{3}x^3+2x^2-3x\right]_1^3$$
$$=-\frac{1}{3}(27-1)+2(9-1)-3(3-1)$$
$$=\frac{-26+30}{3}=\frac{4}{3}$$

$$\therefore \frac{S_2}{S_1}=\frac{\frac{4}{3}}{\frac{1}{30}}=40$$

20
$$a=\sum_{k=1}^{100}\frac{1}{2k(2k-1)}=\sum_{k=1}^{100}\left(\frac{1}{2k-1}-\frac{1}{2k}\right)$$
$$=\left(1-\frac{1}{2}\right)+\left(\frac{1}{3}-\frac{1}{4}\right)+\left(\frac{1}{5}-\frac{1}{6}\right)+\cdots+\left(\frac{1}{199}-\frac{1}{200}\right)$$
$$=\left(1+\frac{1}{3}+\frac{1}{5}+\cdots+\frac{1}{199}\right)-\left(\frac{1}{2}+\frac{1}{4}+\cdots+\frac{1}{100}\right)$$
$$=\left(1+\frac{1}{2}+\frac{1}{3}+\frac{1}{4}+\cdots+\frac{1}{200}\right)-2\left(\frac{1}{2}+\frac{1}{4}+\cdots+\frac{1}{100}\right)$$
$$=\left(1+\frac{1}{2}+\frac{1}{3}+\cdots+\frac{1}{200}\right)-\left(\frac{1}{1}+\frac{1}{2}+\frac{1}{3}+\cdots+\frac{1}{100}\right)$$
$$=\frac{1}{101}+\frac{1}{102}+\frac{1}{103}+\cdots+\frac{1}{200}$$

$$b=\sum_{k=1}^{100}\frac{1}{(100+k)(201-k)}$$
$$=\frac{1}{301}\sum_{k=1}^{100}\left(\frac{1}{k+100}+\frac{1}{201-k}\right)$$
$$=\frac{1}{301}\left\{\left(\frac{1}{101}+\frac{1}{200}\right)+\left(\frac{1}{102}+\frac{1}{199}\right)+\cdots\right.$$
$$\left.+\left(\frac{1}{200}+\frac{1}{101}\right)\right\}$$
$$=\frac{2}{301}\left(\frac{1}{101}+\frac{1}{102}+\frac{1}{103}+\cdots+\frac{1}{200}\right)$$
$$=\frac{2}{301}\times a$$

$$\therefore \left[\frac{a}{b}\right]=\left[\frac{a}{\frac{2a}{301}}\right]=\left[\frac{301}{2}\right]=[150.5]=150$$

21
$$60^a=5 \Rightarrow a=\log_{60}5$$
$$60^b=6 \Rightarrow b=\log_{60}6$$

$12^{\frac{2a+b}{1-a}}$에서 지수의 값을 먼저 계산해보면

$$\frac{2a+b}{1-a}=\frac{2\log_{60}5+\log_{60}6}{1-\log_{60}5}=\frac{\log_{60}5^2\times6}{\log_{60}\frac{60}{5}}$$
$$=\frac{\log_{60}150}{\log_{60}12}=\log_{12}150$$

$$\therefore 12^{\frac{2a+b}{1-a}}=12^{\log_{12}150}=150^{\log_{12}12}=150$$

22
$(x+y+z)^2=x^2+y^2+z^2+2(xy+yz+zx)$이므로
$$5^2=15+2(xy+yz+zx),\ xy+yz+zx=5$$
$$x^3+y^3+z^3$$
$$=(x+y+z)(x^2+y^2+z^2-xy-yz-zx)+3xyz$$
$$=5(15-5)+3(-3)=41$$
$$(x^2+y^2+z^2)(x^3+y^3+z^3)$$
$$=x^5+y^5+z^5+x^2y^2(x+y)+y^2z^2(y+z)+z^2x^2(z+x)$$
$$=x^5+y^5+z^5+x^2y^2(5-z)+y^2z^2(5-x)+z^2x^2(5-y)$$
$$=x^5+y^5+z^5+5(x^2y^2+y^2z^2+z^2x^2)-xyz(x+y+z)$$
$x^2y^2+y^2z^2+z^2x^2$의 값을 구하면
$$(xy+yz+zx)^2=x^2y^2+y^2z^2+z^2x^2+2xyz(x+y+z)$$
$$5^2=x^2y^2+y^2z^2+z^2x^2+2(-3)5$$
$$x^2y^2+y^2z^2+z^2x^2=25+30=55$$
따라서 $x^5+y^5+z^5=(x^2+y^2+z^2)(x^3+y^3+z^3)$
$$-5(x^2y^2+y^2z^2+z^2x^2)+xyz(x+y+z)$$
$$=15\times41-5\times55+(-3)\times5$$
$$=5(123-55-3)=5\times65$$
$$=325$$

23 친구 A, B, C를 초대한 횟수는
$(3, 3, 0),\ (1, 2, 3),\ (2, 2, 2)$의 세 가지 경우가 가능하다.
  i) $(3, 3, 0)$인 경우
   3번씩 초대할 친구 둘을 선택하는 경우의 수 $_3C_2=3$,
   초대하는 순서를 정하는 경우의 수 $_6C_3\times_3C_3=20$이므로
   $3\times20=60$
  ii) $(1, 2, 3)$인 경우
   친구 셋의 초대 횟수를 정하는 경우의 수 $3!=6$,
   초대하는 순서를 정하는 경우의 수 $_6C_1\times_5C_2\times_3C_3=60$
   이므로 $6\times60=360$
  iii) $(2, 2, 2)$인 경우
   친구 셋의 초대 횟수는 모두 같으므로 초대하는 순서를 정
   하는 경우의 수 $_6C_2\times_4C_2\times_2C_2=90$
  i), ii), iii)에 의해 모든 경우의 수는 $60+360+90=510$

24 점 $A(0, 1)$을 직선 $y=-2x+k$에 대한 대칭점

$A'\left(\dfrac{4k-4}{5}, \dfrac{2k+3}{5}\right)$

점 A(0, 1)을 x축에 대한 대칭점 $A''(0, -1)$

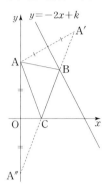

이때, 빛이 이동한 거리

$\overline{AB}+\overline{BC}+\overline{CA}=\overline{A'A''}=\sqrt{5}$이므로

$\overline{A'A''}^2=5$,

$\overline{A'A''}^2=\left(\dfrac{4k-4}{5}\right)^2+\left(\dfrac{2k+3}{5}+1\right)^2$

$\qquad =\dfrac{1}{25}(20k^2+80)=5$,

$k^2=\dfrac{9}{4}$, $k=\dfrac{3}{2}$ $(k>0)$

$\therefore 10k=10\times\dfrac{3}{2}=15$

---

25 등차수열 $\{a_n\}$이므로

$\displaystyle\sum_{k=n}^{2n} a_k = a_n+a_{n+1}+\cdots+a_{2n}$

$\qquad\qquad = \dfrac{(2n-n+1)(a_n+a_{2n})}{2}$

$\qquad\qquad = \dfrac{(n+1)\{a_1+(n-1)d+a_1+(2n-1)d\}}{2}$

$\qquad\qquad = \dfrac{(n+1)\{2a_1+(3n-2)d\}}{2}$

조건 (나)에 의해

$\dfrac{(n+1)\{2a_1+(3n-2)d\}}{2}=0$인 자연수 n이 존재한다.

$2a_1+(3n-2)d=0$ $(\because n+1\neq 0)$

$(3n-2)d=-2a_1=2\times 2016=2^6\times 3^2\times 7$

이때, $3n-2$는 3의 배수가 아니므로 3^2는 무조건 d의 약수이어야 한다.

ⅰ) $3n-2$가 홀수라면

2^6도 d의 약수이어야 하고,

7이 d의 약수일 때, $3n-2=1$, $n=1$이므로

$d=2^6\times 3^2\times 7$

7이 d의 약수가 아닐 때, $3n-2=7$, $n=3$이므로

$d=2^6\times 3^2$

ⅱ) $3n-2$가 짝수라면

2^2, 2^4, 2^6, $2^2\times 7$, $2^4\times 7$, $2^6\times 7$을 만족하는 자연수 n이 존재하므로

d는 $2^4\times 3^2\times 7$, $2^2\times 3^2\times 7$, $3^2\times 7$, $2^4\times 3^2$, $2^2\times 3^2$, 3^2

ⅰ), ⅱ)에 의해 모든 d의 합

$k=3^2(2^6\times 7+2^6+2^4\times 7+2^2\times 7+7+2^4+2^2+1)$

$\quad =3^2\{7(1+2^2+2^4+2^6)+(1+2^2+2^4+2^6)\}$

$\quad =3^2(7+1)(1+2^2+2^4+2^6)$

$\quad =9\times 8\times\dfrac{1(4^4-1)}{4-1}$

$\quad =3\times 8\times 255$

$\quad =6120$

$\therefore k$를 1000으로 나눈 나머지는 120

2016학년도 기출문제 정답 및 해설

정답 및 해설

제3교시 **수학영역**

01 ①	02 ③	03 ②	04 ②	05 ①	06 ③
07 ④	08 ①	09 ④	10 ⑤	11 ①	12 ③
13 ⑤	14 ②	15 ⑤	16 ③	17 ⑤	18 ①
19 ③	20 ③	21 270	22 19	23 55	24 37
25 125					

01

$A^2=\begin{pmatrix} 1 & -6 \\ 0 & 1 \end{pmatrix}$, $A^3=\begin{pmatrix} 1 & -9 \\ 0 & 1 \end{pmatrix}$, $A^4=\begin{pmatrix} 1 & -12 \\ 0 & 1 \end{pmatrix}\cdots$.

이를 통해 $(1, 2)$의 성분이 3씩 작아지는 규칙이 있음을 확인할 수 있다.

따라서 $A^n=\begin{pmatrix} 1 & -3n \\ 0 & 1 \end{pmatrix}$ (단 $n>0$) 이므로

$A+A^2+A^3+\cdots+A^n$의 $(1, 2)$의 성분은

$(-3)+(-6)+\cdots+(-3n)=-3(1+2+\cdots+n)$

$$=-3\frac{n(n+1)}{2}$$

$$=-1488$$

$n^2+n-992=0$

$(n-31)(n+32)=0$

$\therefore n=31(n>0)$

02

$(2+\sqrt{3})^{101}=(2+\sqrt{3})^{100}(2+\sqrt{3})$

$=(a+b\sqrt{3})(2+\sqrt{3})$

$=(2a+3b)+(a+2b)\sqrt{3}$

$=x+y\sqrt{3}$

$\therefore x=2a+3b,\ y=a+2b$

$\begin{pmatrix} x \\ y \end{pmatrix}=\begin{pmatrix} 2 & 3 \\ 1 & 2 \end{pmatrix}\begin{pmatrix} a \\ b \end{pmatrix}$

따라서 행렬 A는 $\begin{pmatrix} 2 & 3 \\ 1 & 2 \end{pmatrix}$

03

지난 10년간 운전면허증 소지자의 교통법규 위반 건수를 X라 하면 X는 정규분포 $N(5,\ 1^2)$을 따른다. 또한 임의추출한 100명의 지난 10년간의 위반 건수의 표본평균을 $\overline{X}$라 하면 $\overline{X}$는 정규분포 $N(5,\ (0.1)^2)$를 따른다.

$\therefore P(4.85\leq\overline{X}\leq5.2)=P\left(\frac{4.85-5}{0.1}\leq Z\leq\frac{5.2-5}{0.1}\right)$

$=P(-1.5\leq Z\leq2.0)$

$=P(0\leq Z\leq1.5)+P(0\leq Z\leq2)$

$=0.4332+0.4772$

$=0.9104$

04

주어진 두 근 α, β는 근과 계수의 관계에 의해

$f(x)=x^2-(\alpha+\beta)x+\alpha\beta$이다.

이때 $\alpha+\beta=\alpha\beta=k$라고 하면

$f(x)=x^2-kx+k$이고,

$f(x-1)=(x-1)^2-k(x-1)+k$

$=x^2-(k+2)x+2k+1$이다.

$f(x-1)=0$의 두 근을 γ, δ라고 했으므로,

$\gamma+\delta=k+2,\ \gamma\delta=2k+1$

$\gamma^2+\delta^2=(\gamma+\delta)^2-2\gamma\delta$

$=(k+2)^2-2(2k+1)$

$=k^2+4k+4-4k-2$

$=k^2+2$

그러므로 $k=\alpha+\beta=0$일 때, $\gamma^2+\delta^2$은 최솟값 2를 갖는다.

05

ω는 x에 대한 이차방정식의 한 허근이므로 대입해 보면

$\omega^2+\omega+1=0(\omega\neq0)$이다.

양변을 ω로 나누면 $\omega+\dfrac{1}{\omega}=-1$

양변을 제곱하면 $\omega^2+\dfrac{1}{\omega^2}+2=1$

$f(\omega^2)=\omega^2+\dfrac{1}{\omega^2}=-1$이다.

또 양변을 4제곱하면 $\omega^{2^2}+\dfrac{1}{\omega^{2^2}}+2=1$이므로

$f(\omega^{2^2})=\omega^{2^2}+\dfrac{1}{\omega^{2^2}}=-1$이다.

따라서 위 규칙을 일반화하여 나타내면

$f(\omega^{2^n})=\{f(\omega^{2^{n-1}})\}^2-2=1-2=-1$이므로

$f(\omega)=f(\omega^2)=f(\omega^{2^2})=\cdots=f(\omega^{2^{2016}})=-1$이다.

$\therefore f(\omega)f(\omega^2)f(\omega^{2^2})\cdots f(\omega^{2^{2016}})=(-1)^{2017}=-1$

06

주어진 방정식의 양변에 $\log_{2016}$을 취하면

$\log_{2016}\sqrt{2016}\cdot x\log_{2016}x=\log_{2016}x^2$

$\log_{2016}\sqrt{2016}+(\log_{2016}x)^2=2\log_{2016}x$

$$\Rightarrow (\log_{2016} x)^2 - 2\log_{2016} x + \frac{1}{2} = 0$$

여기서 $\log_{2016} x$를 t라고 치환하면 $t^2 - 2t + \frac{1}{2} = 0$이다.

t에 대한 두 근의 합이 2이므로 주어진 방정식의 해를 α, β라 하면

$$\log_{2016} \alpha + \log_{2016} \beta = \log_{2016} \alpha\beta = 2$$

$$\therefore N = \alpha\beta = 2016^2 = 4064256$$

따라서 N의 마지막 두 자리 숫자는 56이다.

07 범행을 저지른 사람 20명과 범행을 저지르지 않은 사람 80명 중에서 범행을 저지른 사람을 선택할 확률은 $\frac{1}{5}$이고, 범행을 저지르지 않은 사람을 선택할 확률은 $\frac{4}{5}$이다.

이때 범행을 저지른 사람을 선택하여 그 사람을 범인으로 판단할 확률은 $\frac{1}{5} \times 0.99$이고, 범행을 저지르지 않은 사람을 선택하여 그 사람을 범인으로 판단할 확률은 $\frac{4}{5} \times 0.04$이다.

따라서 구하려는 확률은

$$\frac{1}{5} \times 0.99 + \frac{4}{5} \times 0.04 = \frac{1.15}{5} = 0.23$$

08 $E(3X+1) = 19$에서 $E(3X+1)$은 $3E(X)+1$이므로 $E(X) = 6$이다. 이때 확률변수 X가 이항분포 $B(n, p)$를 따르므로

$$E(X) = n \times p = 6$$

또한, $V(X) = E(X^2) - \{E(X)\}^2$이므로

$$V(X) = 40 - 36 = 4$$

$V(X) = n \times p \times (1-p)$이므로 $(1-p) = \frac{2}{3}$이고 $p = \frac{1}{3}$, $n = 18$이다.

$$\therefore \frac{P(X=1)}{P(X=2)} = \frac{_{18}C_1 \left(\frac{1}{3}\right)^1 \left(\frac{1}{2}\right)^{17}}{_{18}C_2 \left(\frac{1}{3}\right)^2 \left(\frac{2}{3}\right)^{16}} = \frac{4}{17}$$

09 ㄱ. (참)

주어진 식 $a_{n+1} = \frac{1}{2}|a^n| - 1$에서 n을 1부터 차례대로 대입하면 $a_2 = -\frac{1}{2}$, $a_3 = -\frac{3}{4}$, $a_4 = -\frac{5}{8}$, …, 이므로 점점 작아지는걸 알 수 있다.

따라서 $n \geq 2$일 때 $a_n < 0$이다.

ㄴ. (거짓)

$a_{n+1} = \frac{1}{2}|a^n| - 1$에서 $n \geq 2$일 때 $a_n < 0$이므로

$a_{n+1} = -\frac{1}{2}a_n - 1(n \geq 2)$가 성립한다.

위 식의 양변에 $\lim_{n \to \infty}$를 취한 후 $\lim_{n \to \infty} a_n = \alpha$라 하면

$a = -\frac{1}{2}a - 1$이므로 $a = -\frac{2}{3}$이다.

따라서 $\lim_{n \to \infty} a_n = -\frac{2}{3}$

ㄷ. (참)

$a_{n+1} = -\frac{1}{2}a_n - 1(n \geq 2)$이므로

$a_{n+1} + \frac{2}{3} = -\frac{1}{2}\left(a_n + \frac{2}{3}\right)(n \geq 2)$로 식을 변형한 후

$a_n + \frac{2}{3}$을 C_n으로 치환하면 $C_{n+1} = \frac{1}{2}C_n(n \geq 2)$이다.

축차대입법을 이용하여 점화식을 풀면

$$C_n = \left(-\frac{1}{2}\right)^{n-2} \times C_2, \ a_n + \frac{2}{3} = \left(-\frac{1}{2}\right)^{n-2} \times \left(a_2 + \frac{2}{2}\right)$$

$$\therefore a_n = -\frac{2}{3} + \frac{1}{6}\left(-\frac{1}{2}\right)^{n-2}(n \geq 2)$$

따라서 $a_{n+1} = -\frac{1}{2}a_n - 1$

$$= -\frac{1}{2}\left[-\frac{2}{3} + \frac{1}{6}\left(-\frac{1}{2}\right)^{n-2}\right] - 1$$

$$= -\frac{2}{3} + \frac{1}{6}\left(-\frac{1}{2}\right)^{n-1}$$

$$\therefore b_n = \frac{1}{6}\left(\frac{1}{2}\right)^{n-1}(n \geq 1)$$

$$\sum_{n=1}^{\infty} b_n = \sum_{n=1}^{\infty} \frac{1}{6}\left(-\frac{1}{2}\right)^{n-1} = \frac{\frac{1}{6}}{1 - \left(-\frac{1}{2}\right)} = \frac{1}{9}$$

10
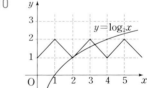
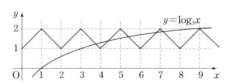
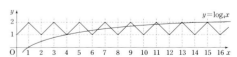

위 그림에서 두 함수 $y = f(x)$, $y = \log_n x$의 그래프의 교점의 개수인 a_n의 규칙을 찾으면 $a_2 = 2^2 - 2 = 2$, $a_3 = 3^2 - 3 = 6$, $a_4 = 4^2 - 4 = 12$, …, $a_n = n^2 - n$이다.

따라서 $\sum_{n=2}^{10} a_n = \sum_{n=2}^{10} (n^2 - n)$

$$= \frac{10 \times 11 \times 21}{6} - \frac{10 \times 11}{2} = 330$$

11 $\displaystyle\lim_{x \to -1}\frac{f(1)-f(-x)}{x^2-1}$에서 $f(-x)=-f(x)$이므로

$\displaystyle\lim_{x \to -1}\frac{f(x)+f(1)}{x^2-1}=\frac{f(x)+f(1)}{(x-1)(x+1)}=-\frac{f'(-1)}{2}=3$

$\therefore f'(-1)=-6$

따라서 $\displaystyle\lim_{x \to -1}\frac{\{f(x)\}^2-4}{x+1}=\lim_{x \to -1}\frac{\{f(x)-2\}\{f(x)+2\}}{x+1}$

$f(-1)=2$이므로

$\displaystyle\lim_{x \to -1}\frac{\{f(x)-2\}\{f(x)+2\}}{x+1}$

$=\displaystyle\lim_{x \to -1}\frac{\{f(x)-f(-1)\}\{f(x)+2\}}{x-(-1)}$

$=f'(-1)(2+2)=4f'(-1)=-24$

12 삼차함수 $f(x)$가 극값을 갖지 않으므로

$f'(x)=3(a-4)x^2+6(b-2)x-3a$에서 $\dfrac{D}{4}\leq0$이어야

한다. 따라서 $\dfrac{D}{4}=9(b-2)^2+9a(a-4)\leq0$

위의 식을 정리하면 $(b-2)^2+a^2-4a+4-4\leq0$,

$(b-2)^2+(a-2)^2\leq4$이므로

$\therefore A=\{(a,\,b)\,|\,(a-2)^2+(b-2)^2<2^2\}$는 반지름의 길이

　가 2인 원의 경계와 그 내부를 나타낸다.

또한 $B=\{(x,\,y)\,|\,mx-y+m=0\}$의 식을 정리하면

$\therefore B=\{(x,\,y)\,|\,y=mx+m)\}$는 기울기가 m인 직선의 방

　정식을 나타낸다.

$A\cap B\neq\varnothing$이기 위해서는 직선 B가 원 A의 내부를 지나거

나 접해야 하므로 원의 중심 $(2,\,2)$과 직선 $y=m(x+1)$ 사

이의 거리가 반지름 2보다 작거나 같으면 된다.

원 A의 중심에서 직선 B까지의 거리는 $\dfrac{|3m-2|}{\sqrt{m^2+1}}$이므로

$\dfrac{|3m-2|}{\sqrt{m^2+1}}\leq2$

$\Rightarrow |3m-2|\leq2\sqrt{m^2+1}$

$\Rightarrow 9m^2-12m+4\leq4(m^2+1)$

$\Rightarrow 5m^2-12m\leq0$

$\Rightarrow m(5m-12)\leq0$

$\therefore 0\leq m\leq\dfrac{12}{5}$

따라서 m의 최댓값과 최솟값의 합은 $\dfrac{12}{5}+0=\dfrac{12}{5}$

13 주어진 식 $\left[\dfrac{x}{n}\right]=2$에서 $2n\leq x<3n$이고,

$\left[\dfrac{x}{n+1}\right]=1$에서 $n+1\leq x<2n+2$이므로

두 가지 조건을 만족시키는 자연수는

$x=2n$ 또는 $x=2n+10$이다.

a_n은 x중 가장 큰 자연수이므로 $a_n=2n+1$ (단, $n=1$이고

$2\leq x<3$이면 $a_1=2$)

$\therefore \displaystyle\sum_{n=1}^{30}a_n=a_1+\sum_{n=2}^{30}(2n+1)=2+\frac{29\times(5+61)}{2}=959$

14 세 구역을 순찰하는 각 순찰 인원수를 A, B, C라 하면

A+B+C=10이다.

우선 각 구역을 적어도 한명이 순찰해야 하므로 전체 인원 10

명에서 순경 1명씩을 각 구역에 배치한다.

A+1=A′, B+1=B′, C+1=C′ 라고 하면

(A′+1)+(B′+1)+(C′+1)=10

A′+B′+C′=7이다.

각 구역의 순찰 인원은 5명 이하가 되어야 하므로 남은 7명에

서 어느 한 구역에 추가로 배치할 수 있는 인원은 최대 4명이

된다.

이때의 경우를 생각해보면

⑴ 7명을 4명, 3명으로 분할 : $_3P_2=6$

⑵ 7명을 4명, 2명, 1명으로 분할 : 3!=6

⑶ 7명을 3명, 2명, 2명으로 분할 : 3

⑷ 7명을 3명, 3명, 1명으로 분할 : 3

따라서 구하는 경우의 수는 6+6+3+3=18(가지)

15 x와 y에 1을 대입해보면

$f(1)=f(1)f(1)-2$, $f(1)=\{f(1)\}^2-2$이다.

위 식을 정리하면 $\{f(1)^2\}-f(1)-2=0$,

$\{f(1)+1\}\{f(1)-2\}=0$, $f(1)>0$이므로 $f(1)=2$

또한 $y=1$이라고 하면 $f(x)=f(x)f(1)-x-1$이므로

$f(x)=2f(x)-x-1(\because f(1)=2)$

$\therefore f(x)=x+1$

주어진 식에서 $2+\dfrac{4k}{n}$를 x라 놓고

정적분으로 나타내면

$\displaystyle\lim_{n \to \infty}\sum_{k=1}^{n}\left\{\frac{6}{n}f\left(2+\frac{4k}{n}\right)\right\}^2$

$=\displaystyle\lim_{n \to \infty}\sum_{k=1}^{n}\left\{f\left(2+\frac{4k}{n}\right)\right\}^2\frac{36}{n}$

$=9\displaystyle\int_2^6\{f(x)\}^2dx=9\int_2^6(x^2+2x+1)dx$

$=9\left[\dfrac{1}{3}x^3+x^2+x\right]_2^6=9\left(72+36+6-\left(\dfrac{8}{3}+4+2\right)\right)$

$=948$

16 a_n은 1행부터 50행까지 놓여있는 전체 바둑돌의 개수에서 흰

색 바둑돌의 개수를 빼면 쉽게 구할 수 있다.

50행까지 놓여있는 전체 바둑돌의 개수는

$1+2+3+\cdots+50=\dfrac{50\times51}{2}=1275$개 이고, 흰색 바둑돌

은 3개마다 1개씩 있으므로 $\dfrac{1275}{3}=425$개이다.

$\therefore$ 검은 돌의 개수는 1275-425=850(개)

17 시행을 중지할 때까지 던진 주사위 횟수에 따라 받는 돈을 확률변수 X라고 하자.

X에 대한 확률분포표를 그려보면

X	1000	2000	3000	$\cdots$	$n \times 1000$	$\cdots$
$\mathrm{P}(X)$	$\dfrac{1}{3}$	$\dfrac{2}{3} \times \dfrac{1}{3}$	$\left(\dfrac{2}{3}\right)^2 \times \dfrac{1}{3}$	$\cdots$	$\left(\dfrac{2}{3}\right)^{n-1} \times \dfrac{1}{3}$	$\cdots$

따라서 기댓값 $\mathrm{E}(X) = \dfrac{1000}{3} \sum\limits_{n=1}^{\infty} n\left(\dfrac{2}{3}\right)^{n-1}$ 이다.

멱급수 $(S - rS)$를 이용하여 합을 구하면

$$\mathrm{E}(X) - \dfrac{2}{3}\mathrm{E}(X) = \dfrac{1}{3}\mathrm{E}(X) = \dfrac{1000}{3} \sum\limits_{n=1}^{\infty} \left(\dfrac{2}{3}\right)^{n-1}$$

$$= \dfrac{1000}{3} \times \dfrac{1}{1 - \dfrac{2}{3}} = 1000$$

$$\therefore \mathrm{E}(X) = 3,000(원)$$

18

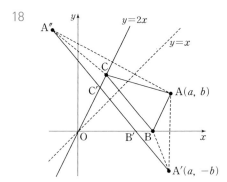

A, B′, C′를 꼭짓점으로 한 삼각형을 그리고, 세 점을 $\mathrm{A}(a, b)$의 점을 각각 $y=0$, $y=2x$에 대칭하여 그린 후 A′, A″으로 둔다. 이후 A′, A″를 일직선으로 연결시켜 삼각형 둘레의 길이의 합이 A′, A″의 직선의 길이와 같음을 보인다.

위 그림을 보면 삼각형 둘레의 최솟값은 점 (a, b)를 $y=0$과 $y=2x$에 대칭시킨 두 점을 이은 선분의 길이와 같다.

따라서 $y=0$에 대칭시킨 A′는 $(a, -b)$이고,

$y=2x$에 대칭시킨 A″는 $\left(\dfrac{-3a+4b}{5}, \dfrac{4a+3b}{5}\right)$이다.

$\therefore$ 삼각형 둘레의 최솟값은

$$\sqrt{\left(a - \dfrac{-3a+4b}{5}\right)^2 + \left(-b - \dfrac{4a+3b}{5}\right)^2}$$

$$= \sqrt{\left(\dfrac{8a-4b}{5}\right)^2 + \left(\dfrac{-4a-8b}{5}\right)^2}$$

$$= \sqrt{\dfrac{16(a^2+b^2)}{5}}$$

$$= \dfrac{4}{\sqrt{5}} \sqrt{a^2+b^2}$$

19 우선 사인법칙을 이용하면

$$\dfrac{x}{\sin\theta} = \dfrac{x+2}{\sin 2\theta} = \dfrac{x+1}{\sin(\pi-3\theta)}$$

$\dfrac{x}{\sin\theta} = \dfrac{x+2}{\sin 2\theta}$에서 $\cos\theta = \dfrac{x+2}{2x}$ ...... ①

$\dfrac{x}{\sin\theta} = \dfrac{x+1}{\sin(\pi-3\theta)}$에서

$\sin(\pi-3\theta) = \sin 3\theta$이므로 $\dfrac{x}{\sin\theta} = \dfrac{x+1}{\sin 3\theta}$.

$4\cos^2\theta = \dfrac{2x+1}{x}$ ...... ②

$\therefore$ ①과 ②를 연립하여 풀면 $x=4$이므로 $\cos\theta = \dfrac{3}{4}$이다.

20 ㄱ. (참)

(가)의 1세대에 살아남은 정사각형의 개수는 18개이다.

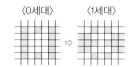

ㄴ. (참)

(나)는 4세대에 모든 사각형이 죽는다.

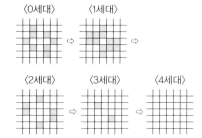

ㄷ. (거짓)

(다)는 4세대마다 주기적으로 반복된다.

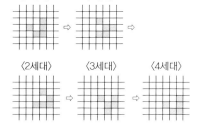

21 등차수열 $\{a_n\}$의 첫째항을 a, 공차를 d라 하면

$$a_1 + a_3 + a_{13} + a_{15}$$

$$= a_1 + (a_1 + 2d) + (a_1 + 12d) + (a_1 + 14d)$$

$$= 4a_1 + 28d = 72$$

$$\therefore a + 7d = 18$$

$$\sum_{n=1}^{15} a_n = a_1 + a_2 + \cdots + a_{14} + a_{15}$$

$$= (a_1 + a_{15}) + (a_2 + a_{14}) + \cdots + (a_7 + a_9) + a_8$$

$$= \dfrac{15(2a+14d)}{2} = 15 \times 18 = 270$$

22 $f(x)=x^2-2|x-t|$ $(-1\leq x\leq1)$에서
$|x-t|$가 최소일 때 $f(x)$가 최대가 된다.
$t<-1$이면 $x=-1$일 때 최댓값 $g(t)=2t+3$을 갖으며
$t>1$이면 $x=1$일 때 최댓값 $g(t)=2t+3$을 갖고
$-1\leq t\leq1$이면 $x=t$일 때 최댓값 $g(t)=t^2$을 갖는다.
이를 그래프로 나타내면 다음과 같다.

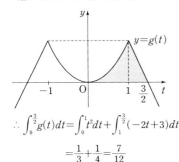

$$\therefore \int_0^{\frac{3}{2}}g(t)dt=\int_0^1 t^2dt+\int_1^{\frac{3}{2}}(-2t+3)dt$$
$$=\frac{1}{3}+\frac{1}{4}=\frac{7}{12}$$

따라서 $p+q=12+7=19$

23 $\left|\log_3\dfrac{m}{15}\right|+\log_3\dfrac{n}{3}\leq0$에서

$\log_3\dfrac{m}{15}\geq0$인 경우와, $\log_3\dfrac{m}{15}<0$인 경우로
나누어 생각해보자.

 i) $\log_3\dfrac{m}{15}\geq0$인 경우 $(m\geq15)$

   $\log_3\dfrac{m}{15}+\log_3\dfrac{n}{3}\leq0$에서 $\log_3\leq0$ $\therefore mn\leq45$

   $n=1$일 때 $\Rightarrow m=15,\ 16,\ \cdots,\ 45$로 총 31쌍

   $n=2$일 때 $\Rightarrow m=15,\ 16,\ \cdots,\ 22$로 총 8쌍

   $n=3$일 때 $\Rightarrow m=15$로 총 1쌍

   따라서 $\log_3\geq0$인 경우 순서쌍 (m,n)의 개수는
   $31+8+1=40$ $\therefore$ 40쌍

 ii) $\log_3\dfrac{m}{15}<0$인 경우 $(m<15)$

   $-\log_3\dfrac{m}{15}+\log_3\dfrac{n}{3}\leq0$에서 $\log_3\dfrac{5n}{m}\leq0$

   $\therefore 5n\leq m$

   $n=1$일 때 $\Rightarrow m=5,\ 6,\ \cdots,\ 14$로 총 10쌍

   $n=2$일 때 $\Rightarrow m=10,\ 11,\ \cdots,\ 14$로 총 5쌍

   따라서 $\log_3\dfrac{m}{15}<0$경우 순서쌍 (m,n)의 개수는

   $10+5=15$ $\therefore$ 15쌍

따라서 총 순서쌍 (m,n)의 개수는 55쌍이다.

24 $f(x)=x^3(x^3+1)(x^3+2)(x^3+3)$의 양변을 미분하여 x에
-1을 대입하면 $f'(-1)=a=-60$이다.
또한, $f(x)=x^3(x^3+1)(x^3+2)(x^3+3)$
$=(x^6+3x^3)(x^6+3x^3+2)$이므로

$k=x^6+3x^3$이라 하면
$f(x)=k(k+2)=k^2+2k=(k+1)^2-1$이다.
따라서 $k=x^6+3x^3=-1$일 때 최솟값 $b=-1$을 갖는다.
$\therefore a^2+b^2=36+1=37$

25

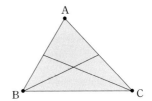

삼각형의 개수 a_n은
(삼각형 ABC의 둘레와 그 내부에 그려져 있는 선분에서 3
개의 선을 선택하는 경우의 수)$-$(꼭짓점 B 또는 C의 한 점
에서 선 3개를 선택하는 경우의 수)를 통해 구할 수 있다.
(단, 꼭짓점 B 또는 C에서 선 3개를 선택할 경우 삼각형이
만들어지지 않는다.)
$\therefore a_n={}_{3n+1}C_3-(2\times {}_{n+1}C_3)=n^3$
따라서 $a_5=125$

경찰대학 10개년 수학 ▼

2015학년도 기출문제 정답 및 해설

제3교시 **수학영역**

01 ④　02 ③　03 ②　04 ④　05 ②　06 ⑤
07 ①　08 ⑤　09 ③　10 ⑤　11 ③　12 ③
13 ③　14 ④　15 ④　16 ①　17 ①　18 ②
19 ④　20 ②　21 753　22 48　23 45　24 167
25 32

01

$$A^2 = \begin{pmatrix} 1 & 2 \\ 0 & -1 \end{pmatrix}\begin{pmatrix} 1 & 2 \\ 0 & -1 \end{pmatrix} = \begin{pmatrix} 1 & 0 \\ 0 & 1 \end{pmatrix} = E$$

$$\sum_{k=1}^{2n} A^k = A + A^2 + A^3 + A^4 + \cdots + A^{2n-1} + A^{2n}$$

$$= A + E + A + E + \cdots + A + E$$

$$= nA + nE$$

$$= n(A+E)$$

$$= n\begin{pmatrix} 2 & 2 \\ 0 & 0 \end{pmatrix}$$

$$\therefore a_n = 4n, \ a_{n+1} = 4(n+1)$$

$$\sum_{n=1}^{\infty} \frac{4}{a_n a_{n+1}} = \sum_{n=1}^{\infty} \frac{4}{4n(4(n+1))}$$

$$= \frac{1}{4}\sum_{n=1}^{\infty} \frac{1}{n(n+1)}$$

$$= \frac{1}{4}\lim_{n \to \infty}\sum_{k=1}^{n} \frac{1}{k(k+1)}$$

$$\sum_{k=1}^{n} \frac{1}{k(k+1)}$$

$$= \left\{\left(1 - \frac{1}{2}\right) + \left(\frac{1}{2} - \frac{1}{3}\right) + \cdots + \left(\frac{1}{n} - \frac{1}{n+1}\right)\right\}$$

$$= 1 - \frac{1}{n+1}$$

$$\therefore \frac{1}{4}\lim_{n \to \infty}\left(1 - \frac{1}{n+1}\right) = \frac{1}{4}$$

02 $f(x) = (x-1)^{2n} + (x+1)^n$이라 하자. $f(x)$를 $x-3$으로 나눈 나머지가 a_n이고, $x-1$로 나눈 나머지가 b_n이므로

$$a_n = f(3) = 2^{2n} + 4^n = 2^{2n} + 2^{2n} = 2 \cdot 2^{2n} = 2^{2n+1}$$

$$b_n = f(1) = 2^n$$

$$\therefore \lim_{n \to \infty}\frac{\log_2 a_n + \log_2 b_n}{n} = \lim_{n \to \infty}\frac{\log_2 2^{2n+1} + \log_2 2^n}{n}$$

$$= \lim_{n \to \infty}\frac{(2n+1) + n}{n}$$

$$= \lim_{n \to \infty}\frac{3n+1}{n} = 3$$

03

$$\log 5^{25} = 25\log 5 = 25\log\frac{10}{2}$$

$$= 25(\log 10 - \log 2) = 25(1 - \log 2)$$

$$= 25 \times 0.699 = 17.475$$

곧, $\log 5^{25}$의 지표가 17이므로 5^{25}은 18자리수 $= m$

$$\log(2 \times 10^{17}) = \log 2 + 17\log 10 = 17.3010$$

$$\log(3 \times 10^{17}) = \log 3 + 17\log 10 = 17.4771$$

$$\log(2 \times 10^{17}) < \log 5^{25} < \log(3 \times 10^{17})$$

$$2 \times 10^{17} < 5^{25} < 3 \times 10^{17}$$

즉, 5^{25}의 최고 자리 숫자는 $2 = n$

$$\therefore m + n = 20$$

04 10개의 공을 꺼낼 때 다시 넣지 않고 3개의 공을 임의로 꺼내는 방법의 수는 $_{10}P_3$이고 꺼낸 공에 적혀 있는 수가 더 큰 순서로 꺼내는 방법의 수는 $_{10}C_3$이다. 따라서 구하는 확률은

$$\frac{_{10}C_3}{_{10}P_3} = \frac{1}{6}$$이다.

05

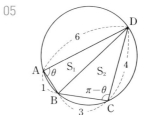

원에 내접하는 사각형이므로 $\angle BAD = \theta$라 하면 $\angle BCD = \pi - \theta$이다. 제이코사인법칙을 적용하면

$$\overline{BD}^2 = 1^2 + 6^2 - 2 \cdot 6 \cdot 1 \cdot \cos\theta$$

$$= 3^2 + 4^2 - 2 \cdot 3 \cdot 4 \cdot \cos(\pi - \theta)$$

$$37 - 12\cos\theta = 25 + 24\cos\theta$$

$$\cos\theta = \frac{1}{3}$$

$$\sin\theta = \sqrt{1 - \frac{1}{9}} = \frac{2\sqrt{2}}{3}\ (\because\ 0 < \theta < \pi)$$

$$S_1 = \frac{1}{2} \cdot 1 \cdot 6 \cdot \sin\theta$$

$$S_2 = \frac{1}{2} \cdot 3 \cdot 4 \cdot \sin(\pi - \theta)$$

$$\therefore S=3\cdot\frac{2\sqrt{2}}{3}+6\cdot\frac{2\sqrt{2}}{3}=6\sqrt{2}$$

06 $g(x)=x^n+3x-4$, $h(x)=x-1$이라 하자.

$g(1)=0$, $h(1)=0$, $h'(x)\neq0$이므로 로피탈의 정리를 사용하자.

$$f(n)=\lim_{x\to1}\frac{x^n+3x-4}{x-1}=\lim_{x\to1}\frac{nx^{n-1}+3}{1}=n+3$$

$$\sum_{n=1}^{10}f(n)=\sum_{n=1}^{10}(n+3)=\frac{10\cdot11}{2}+3\cdot10=85$$

07 $x^3+1=0$의 한 허근이 α이므로 $\alpha^3+1=0$

$\alpha^3+1=(\alpha+1)(\alpha^2-\alpha+1)=0$

$\alpha^2=\alpha-1$

$$\sum_{k=1}^{\infty}\frac{1}{(k-\alpha)(k-\alpha^2)}=\sum_{k=1}^{\infty}\frac{1}{(k-\alpha)(k-(\alpha-1))}$$
$$=\lim_{k\to\infty}\sum_{n=1}^{k}\frac{1}{(n-\alpha)(n-(\alpha-1))}$$

$$\sum_{n=1}^{k}\frac{1}{(n-\alpha)(n-(\alpha-1))}$$
$$=\left(\frac{1}{1-\alpha}-\frac{1}{2-\alpha}\right)+\left(\frac{1}{2-\alpha}-\frac{1}{3-\alpha}\right)+\cdots$$
$$+\left(\frac{1}{k-\alpha}-\frac{1}{k-\alpha+1}\right)$$
$$=\frac{1}{1-\alpha}-\frac{1}{k-\alpha+1}$$

$$\therefore\lim_{k\to\infty}\left(\frac{1}{1-\alpha}-\frac{1}{k-\alpha+1}\right)=\frac{1}{1-\alpha}=-\frac{1}{\alpha^2}=-\frac{\alpha}{\alpha^3}=\alpha$$

08 ㄱ. 반례. $A+B=\begin{pmatrix}0&1\\0&0\end{pmatrix}$이면

$(A+B)^2=\begin{pmatrix}0&1\\0&0\end{pmatrix}\begin{pmatrix}0&1\\0&0\end{pmatrix}=\begin{pmatrix}0&0\\0&0\end{pmatrix}$ (거짓)

ㄴ. $A+E=B^2+2B+E$

$A=B^2+2B$

$AB=(B^2+2B)B=B(B+2E)B=B(B^2+2B)$
$=BA$ (참)

ㄷ. $A^3+2A^2+A=O$의 양변에 $2E$를 더하자.

$A^3+2A^2+A+2E=2E$

$(A+2E)(A^2+E)=2E$

$\therefore(A+2E)^{-1}=\frac{1}{2}(A^2+E)$ (참)

따라서 옳은 것은 ㄴ, ㄷ이다.

09 연립일차방정식의 해가 존재하지 않으므로 기울기는 같고 y절편은 다르다. 따라서 $\frac{a}{b}=\frac{-b}{a-2n}\neq1$을 만족한다.

a, $b\neq0$, $a\neq b$, $b\neq-a+2n$, $a(a-2n)=-b^2$이고 $(a-n)^2+b^2=n^2$을 만족하게 된다.

ㄱ. $a\neq b$이므로 $(n,n)\notin A_n$이다. (참)

ㄴ. $(a,b)\in A_n$일 때 원점과 (a,b)사이의 거리는 $\sqrt{a^2+b^2}$이고, $(a-n)^2+b^2=n^2$을 만족하는 거리의 최댓값은 $2n$이므로 $0<\sqrt{a^2+b^2}<2n$을 만족한다. (거짓)

ㄷ. A_n과 A_m이 만나는 점은 $(0,0)$뿐이다. 이때, $a\neq b$이므로 $A_m\cap A_n=\varnothing$이다. (참)

따라서 옳은 것은 ㄱ, ㄷ이다.

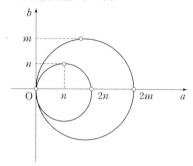

10 접선의 방정식을 구하면

$$y-4x_n^2=8x_n(x-x_n)\Rightarrow y=8x_nx-4x_n^2$$

x절편 : $0=8x_nx-4x_n^2$

$4x_n^2=8x_nx$

$x=\frac{x_n}{2}$이므로 $A_{n+1}\left(\frac{x_n}{2},0\right)$

$x_{n+1}=\frac{x_n}{2}$이므로 공비가 $\frac{1}{2}$

$x_1=1$이므로 $x_n=\left(\frac{1}{2}\right)^{n-1}$

$S_n=\frac{1}{2}\left(x_n-\frac{x_n}{2}\right)4x_n^2=x_n^3=\left(\frac{1}{8}\right)^{n-1}$

$$\therefore\sum_{n=1}^{\infty}S_n=\frac{1}{1-\frac{1}{8}}=\frac{8}{7}$$

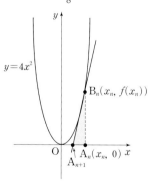

11 이차방정식 $ax^2-bx+c=0$의 판별식 $D=b^2-4ac$이라 하고, 이차방정식의 두 근을 α, β(단, $\alpha<\beta$)라 하면

$D\leq0$일 때, $ax^2-bx+c<0$의 해는 없다.

$D>0$일 때, $ax^2-bx+c<0$의 해는 $\alpha<x<\beta$이다.

$\therefore P=\{x\mid\alpha<x<\beta\}$

$\dfrac{a}{x^2}-\dfrac{b}{x}+c<0 \Rightarrow \dfrac{cx^2-bx+a}{x^2}<0$

$\Rightarrow x\neq0$이면 $cx^2-bx+a<0$

$D\leq0$일 때, $cx^2-bx+a<0$의 해는 없다.

$D>0$일 때, $ax^2-bx+c=0$에서

$\alpha+\beta=\dfrac{b}{a}$, $\alpha\beta=\dfrac{c}{a}$이므로

$b=a(\alpha+\beta)$, $c=a\alpha\beta$이다. $cx^2-bx+a=0$에 대입하면

$(a\alpha\beta)x^2-a(\alpha+\beta)x+a=0$

$\Rightarrow a\{(\alpha\beta)x^2-(\alpha+\beta)x+1\}=0$

$\Rightarrow a(\alpha x-1)(\beta x-1)=0$

$\Rightarrow x=\dfrac{1}{\alpha},\ \dfrac{1}{\beta}$

$\therefore Q=\left\{x\ \middle|\ \dfrac{1}{\beta}<x<\dfrac{1}{\alpha}\right\}$

$(x-1)^2\leq0$이므로 $R=\{1\}$

ㄱ. $R\subset P$이면 $1\in P$이고 $a-b+c<0$이다. $c-b+a<0$은 $cx^2-bx+a<0$에 1을 대입한 것과 같으므로 $1\in Q$이다. 따라서 $P\subset Q$이다. (참)

ㄴ. $P\cap Q=\varnothing$이면 $P=Q=\varnothing$이거나 $\alpha,\ \beta$ 둘 다 1보다 크거나 1보다 작은 경우이다. 세 경우 모두 $x=1$의 해를 가질 수 없으므로 $R\subset P$ 또는 $R\subset Q$가 성립하지 않는다. (거짓)

ㄷ. $P\cap Q\neq\varnothing$이면 $D>0$인 경우이므로 $\alpha<1<\beta$이어야 한다. 이 때 $\dfrac{1}{\beta}<1<\dfrac{1}{\alpha}$이므로 $1\in P\cap Q$이다.

따라서 $R\subset P\cap Q$이다. (참)

따라서 옳은 것은 ㄱ, ㄷ이다.

12 $\displaystyle\lim_{n\to\infty}\sum_{k=1}^{n}\dfrac{k}{n}\left\{f\left(\dfrac{k}{n}\right)-f\left(\dfrac{k-1}{n}\right)\right\}$

$=\displaystyle\lim_{n\to\infty}\left\{\dfrac{1}{n}\left(f\left(\dfrac{1}{n}\right)-f(0)\right)+\dfrac{2}{n}\left(f\left(\dfrac{2}{n}\right)-f\left(\dfrac{1}{n}\right)\right)\right.$

$+\dfrac{3}{n}\left(f\left(\dfrac{3}{n}\right)-f\left(\dfrac{2}{n}\right)\right)+\cdots$

$+\dfrac{n-1}{n}\left(f\left(\dfrac{n-1}{n}\right)+f\left(\dfrac{n-2}{n}\right)\right)$

$\left.+\dfrac{n}{n}\left(f(1)+f\left(\dfrac{n-1}{n}\right)\right)\right\}$

$=\displaystyle\lim_{n\to\infty}\left\{f(1)-\dfrac{1}{n}\left(f(0)+f\left(\dfrac{1}{n}\right)+f\left(\dfrac{2}{n}\right)+\cdots\right.\right.$

$\left.\left.+f\left(\dfrac{n-1}{n}\right)\right)\right\}$

$=1-\displaystyle\lim_{n\to\infty}\sum_{k=1}^{n}f\left(\dfrac{k-1}{n}\right)\dfrac{1}{n}=1-\int_{0}^{1}\sqrt{x}\,dx$

$=1-\left[\dfrac{2}{3}x^{\frac{3}{2}}\right]_{0}^{1}=\dfrac{1}{3}$

13 모든 수들이 3 이상 차이가 나도록 뽑으려면 4개의 수를 뽑고 작은 수부터 나열한다. 이를 순서대로 $a,\ b,\ c,\ d$라 하면 각

각 숫자에 0, 3, 6, 9를 더하면 된다. 즉, $a+0$, $b+3$, $c+6$, $d+9$이다. 이때, d는 최대 6까지 가능하므로 1, 2, 3, 4, 5, 6에서 4개의 수를 뽑는 중복조합과 같다.

예를 들면 (1, 2, 3, 4)이면 (1, 5, 9, 13)이 되어 조건을 충족시킨다. 그러므로 $_6H_4=_9C_4=126$가지이다.

14

$f_1(x)=f(x)$, $f_2(x)=f(f_1(x))$, $\cdots$, $f_n(x)=f(f_{n-1}(x))$이므로 $f_{n+1}(x)=\log_2 f_n(x)+1$이다.

ㄱ. $x>2$일 때, 위의 그래프를 보면 $y=x$가 $y=\log_2 x$보다 위에 있음을 알 수 있다.

예를 들어 $m=1$, $n=2$, $x=4$이면

$f_1(4)=\log_2 4+1=3>f_2(4)=f(f_1(4))=f(3)$

$=\log_2 3+1$

따라서 $m<n$이면 $f_m(x)>f_n(x)(x>2$일 때)이다. (거짓)

ㄴ. $1<x\leq2$일 때, 위의 그래프를 보면 a의 값을 넣었을 때 $f(a)$의 값이 오른쪽으로 올라가 2에 수렴하는 것을 볼 수 있다.

$x>2$일 때, b의 값을 넣었을 때 $f(b)$의 값이 점차 왼쪽으로 내려가 2에 수렴하는 것을 볼 수 있다.

따라서 $x\geq\dfrac{3}{2}$일 때, $\displaystyle\lim_{n\to\infty}f_n(x)$는 $f(x)$와 $y=x$의 교점인 (2, 2)에 수렴한다. (참)

ㄷ. $f_m(x)=f_n(x)$인 경우는 $y=x$와 $y=\log_2 x+1$이 만나는 교점 $x=1$ 또는 $x=2$ 뿐이다. (참)

따라서 옳은 것은 ㄴ, ㄷ이다.

15

$$S_n=\frac{1}{2}\times(3^n-2^n)\times1$$

$$T_n=\frac{1}{2}\times(3^{n-1}-2^{n-1})\times1$$

$$\therefore \lim_{n\to\infty}\frac{S_n}{T_n}=\lim_{n\to\infty}\frac{\frac{1}{2}(3^n-2^n)}{\frac{1}{2}(3^{n-1}-2^{n-1})}$$

$$=\lim_{n\to\infty}\frac{\left(\frac{3}{3}\right)^n-\left(\frac{2}{3}\right)^n}{\frac{1}{3}\left(\frac{3}{3}\right)^n-\frac{1}{2}\left(\frac{2}{3}\right)^n}=3$$

16

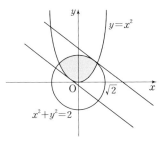

$x+2y=k$라 하자.

원점 $(0,0)$과 직선 $x+2y-k=0$사이의 최대 거리는

$$\frac{|-k|}{\sqrt{1^2+2^2}}=\sqrt{2}$$

$$\therefore k=\sqrt{10}=M$$

$y=x^2,\ y'=2x$이고 직선의 기울기가 $-\frac{1}{2}$이므로

$$x=-\frac{1}{4},\ y=\frac{1}{16}$$

직선은 $y-\frac{1}{16}=-\frac{1}{2}\left(x+\frac{1}{4}\right)\Rightarrow y=-\frac{1}{2}x-\frac{1}{16}$

$y=-\frac{1}{2}x+\frac{k}{2}$이므로 $-\frac{1}{16}=\frac{k}{2}$

$$\therefore k=-\frac{1}{8}=m$$

$$\therefore M^2-m=10+\frac{1}{8}=\frac{81}{8}$$

17 0명이 취소할 경우 : $(0.9)^{52}$

1명이 취소할 경우 : $_{52}C_1(0.1)^1(0.9)^{51}$

좌석이 부족하게 될 확률은

$(0.9)^{52}+_{52}C_1(0.1)^1(0.9)^{51}$

$$=(0.9)^{52}\left\{1+\frac{52}{0.9}\times0.1\right\}$$

$$=(0.9)^{52}\left\{1+\frac{52}{9}\right\}=(0.9)^{52}\left(\frac{61}{9}\right)$$

$$\therefore p=\frac{61}{9}$$

18 함수 f가 $x=1$에서 미분가능하므로 연속이다.

$a+b+c+1=1,\ -p+q-r+5=1\ \cdots\ \textcircled{\tiny ㄱ}$

$g(x)=f'(x)$이므로

$$g(x)=\begin{cases}3ax^2+2bx+c & (x<1)\\3p(x-2)^2+2q(x-2)+r & (x>1)\end{cases}$$

함수 g는 $x=1$에서 연속이므로

$3a+2b+c=3p-2q+r\ \cdots\ \textcircled{\tiny ㄴ}$

$$g'(x)=\begin{cases}6ax+2b & (x<1)\\6p(x-2)+2q & (x>1)\end{cases}$$

$g'(0)=2b=0,\ b=0$

$g'(2)=2q=0,\ q=0$

함수 g'도 $x=1$에서 연속이므로

$6a=-6p\ \cdots\ \textcircled{\tiny ㄷ}$

$\textcircled{\tiny ㄱ}$에 $b=0,\ q=0$을 대입하면

$a+c=0,\ -p-r=-4$

$c=-a,\ r=4-p\ \cdots\ \textcircled{\tiny ㄹ}$

$\textcircled{\tiny ㄹ}$의 식을 $\textcircled{\tiny ㄴ}$에 대입하면

$3a-a=3p+4-p$

$a=p+2\ \cdots\ \textcircled{\tiny ㅁ}$

$\textcircled{\tiny ㅁ}$과 $\textcircled{\tiny ㄷ}$을 연립하면 $a=1,\ p=-1$이고 $c=-1,\ r=5$

$$\therefore f(x)=\begin{cases}x^3-x+1 & (x<1)\\1 & (x=1)\\-(x-2)^3+5(x-2)+5 & (x>1)\end{cases}$$

$$\therefore \int_0^1 f(x)dx=\int_0^1(x^3-x+1)dx$$

$$=\left[\frac{1}{4}x^4-\frac{1}{2}x^2+x\right]_0^1=\frac{3}{4}$$

19 i) $0<t\le1$인 경우

$$f(t)=1-\left(\frac{1}{2}t+\frac{1}{2}(1-t)\frac{2}{3}t+\frac{1}{2}\left(1-\frac{2}{3}t\right)\right)$$

$$=\frac{1}{3}t^2-\frac{1}{2}t+\frac{1}{2}$$

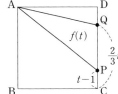

ii) $1<t\le\frac{2}{3}$인 경우

$$f(t)=\frac{1}{2}\left(\frac{2}{3}t-(t-1)\right)=-\frac{1}{6}t+\frac{1}{2}$$

$$f(t)=\begin{cases}\dfrac{1}{3}t^2-\dfrac{1}{2}t+\dfrac{1}{2} & (0<t\le1)\\[2mm]-\dfrac{1}{6}t+\dfrac{1}{2} & \left(1<t\le\dfrac{3}{2}\right)\end{cases}$$

$$f'(t)=\begin{cases}\dfrac{2}{3}t-\dfrac{1}{2} & (0<t\le1)\\[2mm]-\dfrac{1}{6} & \left(1<t\le\dfrac{3}{2}\right)\end{cases}$$

ㄱ. $f_1(t)=\dfrac{1}{3}t^2-\dfrac{1}{2}t+\dfrac{1}{2}$, $f_2(t)=-\dfrac{1}{6}t+\dfrac{1}{2}$로 놓으면

$f_1(1)=f_2(1)$이지만, $\dfrac{1}{6}=f'_1(1)\neq f'_2(1)=-\dfrac{1}{6}$

이므로 $t=1$에서 미분 불가능하다. (거짓)

ㄴ. (참)

t	$\cdots$	$\dfrac{3}{4}$	$\cdots$
$f'(t)$	$-$	0	$+$
$f(t)$	$\searrow$	극소	$\nearrow$

ㄷ. 아래의 그림과 같이 $f(t)$는 $t=1$에서 극댓값을 가진다. (참)

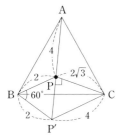

따라서 옳은 것은 ㄴ, ㄷ이다.

20

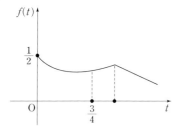

$\triangle ABP$를 점 B를 중심으로 $60°$회전이동을 시키자.
점 P가 이동한 점을 P′이라 하면 $\overline{BP'}=2$, $\overline{P'C}=4$이다.
$\overline{BP}=\overline{BP'}=2$, $\angle PBP'=60°$이므로 $\overline{PP'}=2$이다.
$\triangle PP'C$를 보면 $4^2=(2\sqrt{3})^2+2^2$을 만족하므로 직각삼각형이다.
$\angle CP'P=90°$이고 $\angle BPP'=60°$이므로 $\angle BPC=150°$이다. 정삼각형 ABC의 한 변의 길이를 l이라 하고, $\triangle BPC$에 제이코사인법칙을 적용하면
$l^2=2^2+(2\sqrt{3})^2-2\cdot2\cdot2\sqrt{3}\cdot\cos150°=28$
$\therefore l=2\sqrt{7}$

21 $4x^3+1003x+1004=0$의 세근이 α, β, γ이므로
$\alpha+\beta+\gamma=0$, $\alpha\beta+\beta\gamma+\gamma\alpha=\dfrac{1003}{4}$, $\alpha\beta\gamma=-\dfrac{1004}{4}$
$(\alpha+\beta)^3+(\beta+\gamma)^3+(\gamma+\alpha)^3$
$=(-\gamma)^3+(-\alpha)^3+(-\beta)^3$
$=-(\alpha^3+\beta^3+\gamma^3)$
$=-(\alpha+\beta+\gamma)(\alpha^2+\beta^2+\gamma^2-\alpha\beta-\beta\gamma-\gamma\alpha)-3\alpha\beta\gamma$
$=-3\cdot\left(-\dfrac{1004}{4}\right)$
$=753$

22

점 96각형이 원에 내접하므로 그 꼭짓점은 원을 96등분한 점과 같다. $A_n=(a_n, b_n)$이라 하자. 96이 4의 배수이므로 하나의 사분면에 24개의 점이 존재한다.

이때, $A_2(a_2, b_2)$가 $\dfrac{\pi}{2}$만큼 회전 변환한 좌표는

$$\begin{pmatrix}\cos\dfrac{\pi}{2} & -\sin\dfrac{\pi}{2}\\[2mm]\sin\dfrac{\pi}{2} & \cos\dfrac{\pi}{2}\end{pmatrix}\begin{pmatrix}a_2\\b_2\end{pmatrix}=\begin{pmatrix}-b_2\\a_2\end{pmatrix}$$이다.

두 꼭짓점의 x좌표의 제곱의 합은 $a_n{}^2+(-b_n)^2=1$로 A_2과 A_{26}가 짝을 이루게 된다. 이와 같이 A_1과 A_{25}, A_2와 A_{26}, A_3와 A_{27}, $\cdots$, A_{24}와 A_{48}로 1, 2사분면에서 24개의 짝이 나온다. 같은 방식으로 3, 4사분면에서도 24개의 짝이 나온다.

$\therefore \displaystyle\sum_{n=1}^{96}a_n{}^2=24+24=48$

23 등차수열을 이루는 공차를 d라 하면
$d=-4$일 때, 951, 840 $\Rightarrow 2$
$d=4$일 때, 백의 자리에 0이 올 수 없으므로 $2-1=1$
$d=-3$일 때, 963, 852, 741, 630 $\Rightarrow 4$
$d=3$일 때, $4-1=3$
$d=-2$일 때, 975, 864, 753, 642, 531, 420 $\Rightarrow 6$
$d=2$일 때, $6-1=5$
$d=-1$일 때, $987\sim210 \Rightarrow 8$
$d=1$일 때, $8-1=7$
$d=0$일 때, $111\sim999 \Rightarrow 9$
$\therefore 2+1+4+3+6+5+8+7+9=45$가지

24 $X=1$일 때, $(1, 1)$

$X=2$일 때, $(1, 2), (2, 1), (2, 2)$

$X=3$일 때, $(1, 3), (3, 1), (2, 3), (3, 2), (3, 3)$

$X=4$일 때, $(1, 4), (4, 1), (2, 4), (4, 2), (3, 4), (4, 3),$
$\qquad\qquad (4, 4)$

$X=5$일 때, $(1, 5), (5, 1), (2, 5), (5, 2), (3, 5), (5, 3),$
$\qquad\qquad (4, 5), (5, 4), (5, 5)$

$X=6$일 때, $(1, 6), (6, 1), (2, 6), (6, 2), (3, 6), (6, 3),$
$\qquad\qquad (4, 6), (6, 4), (5, 6), (6, 5), (6, 6)$

X	1	2	3	4	5	6
$P(X)$	$\dfrac{1}{36}$	$\dfrac{3}{36}$	$\dfrac{5}{36}$	$\dfrac{7}{36}$	$\dfrac{9}{36}$	$\dfrac{11}{36}$

$P(X=k)=\dfrac{2k-1}{36}(k=1, 2, \cdots, 6)$

$E(X)=\sum\limits_{k=1}^{6}k\cdot P(X=k)$

$\qquad=\sum\limits_{k=1}^{6}k\cdot\dfrac{2k-1}{36}=\dfrac{1}{36}\sum\limits_{k=1}^{6}(2k^2-k)$

$\qquad=\dfrac{1}{36}\left(2\cdot\dfrac{6\cdot7\cdot13}{6}-\dfrac{6\cdot7}{2}\right)=\dfrac{161}{36}$

$E(6X)=6E(X)=\dfrac{161}{6}$

$\therefore p+q=167$

25 직선 l을 $y=mx+n$이라 하자. l과 $f(x)$가 접하므로

$x^4-2x^2-2x+3=mx+n$

$x^4-2x^2-(2+m)x+3-n=0$이다.

서로 다른 두 점에서의 접점이 $x=\alpha, \beta(\alpha<\beta)$라 하면

$x^4-2x^2-(2+m)x+3-n=(x-\alpha)^2(x-\beta)^2$이다.

따라서 네 근의 합은 $\alpha+\alpha+\beta+\beta=0$이므로 $\alpha+\beta=0$이다.

α, β에서 직선 l과 접하므로 α, β에서의 접선의 기울기는 m
으로 같다.

$f'(x)=4x^3-4x-2$

$f'(\alpha)=4\alpha^3-4\alpha-2=4\beta^3-4\beta-2=f'(\beta)=m$

$4(\alpha^3-\beta^3)-4(\alpha-\beta)=0$

$(\alpha-\beta)(\alpha^2+\alpha\beta+\beta^2)-(\alpha-\beta)=0$

$(\alpha-\beta)(\alpha^2+\alpha\beta+\beta^2-1)=0$

$\alpha\neq\beta$이므로 $\alpha^2+\alpha\beta+\beta^2-1=0$이다.

$\alpha+\beta=0$이고, $\alpha=-\beta$이므로 대입하면 $\beta^2-\beta^2+\beta^2=1$

$\alpha<\beta$이므로 $\alpha=-1, \beta=1$

따라서 직선의 방정식 l은

$y-f(-1)=f'(-1)(x-(-1))$

$y=-2x+2$이다.

l과 $f(x)$로 둘러싸인 영역의 넓이는

$A=\displaystyle\int_{-1}^{1}\{f(x)-l\}dx$

$\quad=\displaystyle\int_{-1}^{1}\{x^4-2x^2-2x+3-(-2x+2)\}dx$

$\quad=\displaystyle\int_{-1}^{1}(x^4-2x^2+1)dx$

$\quad=\dfrac{16}{15}$

$\therefore 30A=30\cdot\dfrac{16}{15}=32$

MEMO

MEMO

MEMO